XINXING
SHUIGUO FAJIAOJIU
SHENGCHAN JISHU

新型水果发酵酒生产技术

许 瑞 朱凤妹 主编
赵希艳 郭 朔 副主编

化学工业出版社
·北京·

本书介绍了发酵果酒的生产技术，力求以清晰的条理、通俗的语言来叙述果酒产品加工的生产技术，做到重点突出，同时注重发酵技术的先进性、实用性和可操作性，期望对提高科技人员的水平、进一步发展我国酒品加工事业起到有益的作用。

本书可供我国酿酒企业、从事发酵酒新产品开发研究的科研人员、管理人员以及相关院校食品专业师生阅读参考。

图书在版编目（CIP）数据

新型水果发酵酒生产技术/许瑞，朱凤妹主编. —北京：化学工业出版社，2017.10（2023.9重印）
ISBN 978-7-122-30497-1

Ⅰ.①新… Ⅱ.①许…②朱… Ⅲ.①果酒-酿酒 Ⅳ.①TS262.7

中国版本图书馆CIP数据核字（2017）第208250号

责任编辑：张　彦　　装帧设计：韩　飞
责任校对：宋　玮

出版发行：化学工业出版社（北京市东城区青年湖南街13号　邮政编码100011）
印　　装：天津盛通数码科技有限公司
710mm×1000mm　1/16　印张13¼　字数252千字　2023年9月北京第1版第10次印刷

购书咨询：010-64518888　　售后服务：010-64518899
网　　址：http://www.cip.com.cn
凡购买本书，如有缺损质量问题，本社销售中心负责调换。

定　　价：48.00元

前言

当前国际酒类市场，大致可分为三大类。一是啤酒；二是葡萄酒及苹果酒等果酒类；三是蒸馏酒即烈性酒市场，包括中国白酒、日本清酒、英国金酒、伏特加、白兰地、朗姆酒等。从产销情况看，啤酒市场已趋于饱和，上升空间有限。葡萄酒市场产能过剩。烈性酒市场则相对平稳发展，年增长率约1.4%，拥有稳定的消费人群。

国内酒类市场，在20世纪80年代以前基本上是白酒一统天下，且列入奢侈消费品，产销量很小，啤酒、葡萄酒只占很小份额。但随着国民经济的发展，从20世纪80年代开始，市场格局便不断被打破、调整。其中啤酒业从20世纪80年代开始进入发展快车道，到2015年啤酒产量达9061万吨，超过美国成为世界啤酒第一生产大国。而葡萄酒行业自20世纪90年代开始迅猛发展，产量从当初的几万吨，到2015年已达143万吨。目前，国内共有葡萄酒生产企业600余家。

从前面国内酒类市场分析可以看出，传统酒类市场无论是白酒、啤酒还是葡萄酒，从长远发展观点看，在我国市场空间都不太大，已经或接近于饱和。而水果发酵酒，由于它倡导的全新营养理念和独特风味口感，作为一种天然绿色食品，在竞争激烈的酒类市场异军突起，大放异彩。它融白酒、啤酒、葡萄酒工艺精华于一体，辅以现代生物技术结晶和传统中药提取技术，追求全面均衡营养，给消费者以感官享受的同时，又赋予营养和健康的补益，从而将酒文化提升到一个新的层次。

我国是世界水果产量大国，多种水果如苹果、梨、柑橘、香蕉、芒果、葡萄等产量均位居世界前列。我国每年都有大批水果因加工不及时或缺乏足够的市场空间而变质损坏，损失可达30%以上，造成资源浪费，给果农带来巨大损失。发展水果发酵酒，可以将不能及时消费的水果材料加工成发酵酒保存起来，开拓水果深加工的新路子。

近十多年来，随着现代生物技术的发展，各地酒厂及食品厂的新工艺、新技术不断出现，特别是微生物发酵技术，使得生产高质量水果发酵酒的技术条件已经成熟，从而使水果发酵酒产品质量得到大幅度提高，成为既富含营养和功能成分，又具有较高的营养价值的保健品。水果发酵酒由于它所倡导的全新营养与健康理念，在人们日益注重保健与食品安全的今天，吸引了越来越多的消费者的关注。由于它所采用的原料大多是人们日常生活中经常食用的水果和补品，与传统保健酒相比，无论在口感上还是营养价值上，更易为消费者认可。而它的清淡果香，与传统酒类相比，更易为消费者接受。因此，作为一种新兴酒种，其市场空间几乎是无限的，只要在包装和价位上做好调整，水果发酵酒完全可以进入传统酒类市场领域，取得一席之地。

本书是一部比较全面、有较高实用价值和参考意义的酿酒著作，适用于从事各类酿酒生产的技术人员、生产人员阅读，也可供从事酿酒科研人员及有关大专院校师生参考。

本书在编写过程中参考了大量书籍和其他文献，在此仅向这些文献的作者表示感谢。本书第一章由赵希艳、郭朔编写，第二章第六节～第八节由朱凤妹编写，其余章节由许瑞编写，由许瑞负责统稿，梁建兰、王宁、杨洋、孟军做了资料整理等工作。

由于我们的学识和水平有限，书中难免存在缺陷，恳请读者批评指正，以利于不断改进和完善。

编者

2017 年 8 月

目录

第一章 概述

第一节 果酒发展的现状及前景

一、我国果酒发展现状及前景

果酒是指以水果如葡萄、苹果、梨、山楂、哈密瓜、樱桃、猕猴桃、沙棘、枣、荔枝等为原料，经破碎、榨汁发酵或浸泡发酵酿制成的低度饮料酒。因水果种类繁多，故果酒的风格各异，经常饮用有促进消化、增加食欲之功效。果酒富含多种营养素，除含有糖、氨基酸、维生素、矿物质外，还富含花色素、酚类物质及醇类物质。研究发现，这些物质具有软化血管、促进血液循环、增强机体抵抗力和减轻心血管发病率的功效。

2015年，我国果酒的市场总规模达到1396亿元，非葡萄酒的果酒市场规模为140.8亿元，占整个市场的10.1%，且呈现逐步扩大发展态势。据《2014～2018年中国果酒研究报告》统计显示，目前我国果酒销售额年增长率为15%，预计2018年果酒行业规模将超过2000亿元。

党的十八大提出生态文明建设，我国经济进入新常态。经济结构不断优化升级，增长动力由要素驱动、投资驱动转向创新驱动。“十三五”规划中提出了“创新、协调、绿色、开放、共享”的发展理念。果酒产业作为新兴产业，走可持续发展的道路，符合我国经济发展的方向。

我国是全世界果酒种类最丰富的国家，果酒行业在我国的北部、东部、西部都广泛存在。作为一、二、三产业高度融合的果酒产业，对于解决三农问题，提高国民生活水平具有重要的意义。

二、世界果酒发展现状及前景

果酒作为世界畅销型产品，在世界饮酒中占据20%～25%的比例，葡萄酒是果酒中的主打产品，产量最大；其次为苹果酒，以法国的产品最具盛名。除此之外，德国的李子酒及日本的梅酒亦相当出名。目前，人均年消费量达到7L。

近年来，欧美等国家和地区在大力提倡用苹果、梨子、樱桃等水果酿造果酒，且在市场上取得了较大的成功。随着科学技术的持续发展，新技术将越来越多地应用于水果发酵酒的研发及生产，例如采用UV-糖化酶提高果汁中可发酵糖的含量，增加出酒率，适当提高酒精度；采用阳离子交换法提高酒澄清度而且除去原汁果酒中铅等有害物质。

第二节 果酒的种类及质量识别

一、果酒的种类

目前国内果酒一般是从酿制方法上来区分的，分为发酵型果酒、蒸馏型果酒和配制型果酒。

(1) 发酵型果酒　是指以新鲜水果为原料，经全部发酵而成的发酵果酒。天然压榨发酵后的果酒，一般酒精度数在7°～12°，水果本身的糖度决定了酒精的含量，一般糖度高的水果发酵的度数就高，糖度低的水果发酵的度数就低。在实际发酵过程中，可以通过添加糖的方式，提高果酒发酵后的酒精度。

(2) 蒸馏型果酒　是指在发酵型果酒的基础上通过蒸馏方法提度后的果味酒。一般现在采用的蒸馏方法，通常是白兰地的蒸馏工艺，发酵后的果酒经过2～3次反复蒸馏后，使得果酒的度数越来越高，可以达到30°以上，目前国内成熟的蒸馏果酒有苹果酒。蒸馏果酒使得水果原来的丰富口感缺失，水果的香味也会因为反复蒸馏而流失。因此，蒸馏型果酒一般很难保留水果原有的香味，只是增加了饮用易醉的体验。

(3) 配制型果酒　是指采用粮食基酒或是食用酒精加水果后形成的带果味的酒。配制型果酒是当前市场上比较常见的果酒产品，也是国内外都比较通行的一种果酒生产工艺，不仅易于生产，而且能够保证果酒的风味和色泽，让消费者充分体验到果酒带来的丰富口感。配制型果酒度数不等，可以根据企业开发的需要进行酒体设计，一般配制型果酒不会超过30°，有些浸泡配制型传统果酒稍微可以做得更高一些。

二、果酒质量的鉴别

好的果酒，酒液应该是清亮、透明，没有沉淀物和悬浮物，给人一种清澈感，果酒的色泽要具有果汁本身特有色素。如红葡萄酒，以深红、琥珀色或红宝石色为好；白葡萄酒是无色或微黄色为好；苹果酒以黄中带绿为好；梨酒以金黄色为佳。

各种果酒应该有自身独特的色香味。如红葡萄酒一般具有浓郁醇和而优雅的香气；白葡萄酒有果实的清香，给人以新鲜、柔和之感；苹果酒则有苹果香气和陈酒酯香。

目前市场出售的果酒部分属配制品，即由果汁经酒精浸泡后取霜，再加入糖和其他配料，经调配色、香、味制成。这种果酒一般酒色鲜艳，口味清爽，但缺乏醇厚柔和感，有时有明显的酒精味。

第三节 果酒酿造主要原料

一、常见的水果

（1）葡萄　目前全世界有8000多种酿酒葡萄品种，被采用的却只有100多种。国内外用于葡萄酒酿造的主要葡萄品种有赤霞珠、品丽珠、蛇龙珠、佳利酿、神索、佳美、黑品乐。

（2）苹果　一般制作苹果酒的果实要求成熟，无霉烂，以国光苹果和青香蕉苹果等品质为佳。早熟品种适宜生食不宜酿酒，而中晚熟品种既可以生食又可酿酒。

（3）猕猴桃　猕猴桃是营养很丰富的果品，品种复杂，全国有56个品种，其中以中华猕猴桃的经济价值最高。一般成熟果实含糖8%～17%，总酸含量为1.4～2g/100mL。果肉中的水分质量分数为82%～85%，出汁率一般在50%～70%。

（4）山楂　山楂是我国特有的果品，我国大部分地区均有野生或人工栽培。山楂不仅外观色泽诱人，而且营养也非常丰富，山楂果实中的果胶、有机酸、单宁、维生素C、黄酮类等物质的含量相对较高，因此具有独特的加工和利用价值。

（5）梨　梨原产于我国，风味好，芳香清雅，营养丰富，含糖10%，水分88.3%。但由于梨酒在储藏和陈酿过程中容易产生褐变且酒体特征风味不突出等问题，所以在梨酒加工的过程中要特别注意。

（6）沙棘　是一种小浆果植物，含有蛋白质及17种氨基酸、15种微量元素、胡萝卜素、番茄红素、黄酮类化合物、单宁等多种活性物质。

二、酵母

酵母菌广泛存在于自然界中，特别喜欢聚集于植物的分泌液中。因此，在成熟的葡萄上附着有大量的酵母细胞，在利用自然发酵酿造葡萄酒的生产过程中，就是这部分附着在葡萄上的酵母在酿酒过程中起主要的发酵作用。

在现代果酒的生产过程中，愈来愈广泛地采用纯粹培养的优良酿酒酵母来代替依靠野生酵母的自然发酵。加入到果汁中经纯粹培养的酿酒酵母必须经过严格认真的筛选并进行大量的酿酒性能实验，选择出优良的酵母菌株。优良的酵母菌株应满足以下几个基本条件。

① 具有很强的发酵能力和适宜的发酵速度，耐酒精性好，产酒精能力强。
② 抗二氧化硫能力强。
③ 发酵度高，能满足果酒生产的要求。
④ 能协助产生良好的果香和酒香，并有悦人的滋味。
⑤ 繁殖速度快，不易变异，凝聚性好，耐低温性好。
⑥ 不产生或极少产生有害葡萄酒质量的副产物。

酵母的加量与采用的发酵方法有直接关系，绝对纯粹发酵的酵母菌用量较相对纯粹发酵高。一般在初榨期，绝对纯粹发酵酵母用量为2%～4%，若果品已破裂、长霉或有病害，则接种量要加大；相对纯粹发酵酵母用量为1%～3%。经过几批发酵以后，发酵容器上附着有大量的葡萄酒酵母，酵母量可减少到1%。添加酵母必须在果汁加二氧化硫4～8h后加入，以避免游离二氧化硫影响酵母正常的发酵作用。

第四节 果酒酿造的一般方法

水果发酵酒的酿造方法主要有以下几种。

一、传统发酵法

是指果酱或果汁在一定的温度条件下，由酵母（自然酵母或人工培养酵母）将其中的糖发酵至终了而自然终止的方法。发酵法是酿制干型果酒唯一有效的方法，发酵结束后原酒残糖低，便于储藏与管理。发酵法生产的果酒具有营养丰富、口感醇厚、后味绵长、酒香优美、果味鲜明等特点。

二、浸泡法

是指用高糖度的糖液或高酒精度的食用酒精（酒精体积分数为40%～60%）浸泡果实的方法。适用于果汁含量少的水果（如山楂、红枣等）。浸泡法酿制果酒的特点是操作简单，浸出率高，成本低，色泽较好，不易受微生物侵害，可保持较好的水果香味。

三、发酵与浸泡结合法

此法兼顾了二者的优点，可生产出质优价廉、口感较好的果酒。

果酒的生产技术同葡萄酒的生产技术基本相似，所以可以参照葡萄酒的酿造方法，根据各种水果独有的特性制定相应的生产方案和加工技术。

Chapter 2

第二章　果酒生产技术

第一节 仁果类果酒

一、干型苹果酒

（一）工艺流程

苹果→清洗→去皮、去核、破碎→护色、打浆、均质→果胶酶处理→添加SO_2→调整糖度、pH→酵母扩培→酒精发酵→调味、过滤、灭菌→澄清、过滤→灌装→成品

（二）操作要点

(1) 原料处理　选择色泽鲜艳、成熟适度的苹果，首先用水清洗，除去表面杂质、虫卵、细菌以及腐烂部分，再去皮、去核、切碎，将切碎的果肉放入容器中，按果肉净重添加1∶3比例的蒸馏水，为防止果浆褐变，选用0.1%柠檬酸+0.04%维生素C为护色剂进行护色；再用打浆机打成果浆，即得浆液，储存待用。

(2) 果胶酶处理、添加SO_2　添加40～60mg/L的果胶酶，使其充分溶解后，与果浆混合均匀，并在45～50℃酶处理1～2h。加入80～100mg/L偏重亚硫酸钾来提供SO_2，从而起到抑菌和抗氧化等作用。

(3) 调整糖度、pH　当果浆中的含糖量达不到15%时，最终发酵酒精度会低于10%，故可补加白砂糖来调整糖度。补加白砂糖时，先将糖用少量果浆加热溶解后再加入浆液中。以1.7g糖产生1%酒精计算，将最终糖度调整至20%。调整pH至3.5～4.5。

(4) 果酒酵母扩培　称取0.02%果酒酵母，加到4%葡萄糖溶液中，摇晃使菌体分散，于30℃恒温培养箱中培养30min，每10min振荡1次，至大量气泡产生即活化完毕。取适量苹果浆，灭菌后冷却至室温，在无菌条件下，按10%接种果酒酵母活化液，混匀，于28～30℃条件下培养，驯化三代，每代驯化时间为24h。待生长旺盛，即可作为发酵用酒母。每次驯化后，用显微镜计数酵母菌含量，至发酵用的酵母浓度为10^9个/mL以上。

(5) 酒精发酵　将扩培酵母菌按8%加入灭菌后的果浆液，摇匀，密封，静置发酵10d，温度控制在25～28℃，每天振荡2～3次，使发酵液温度均匀。发酵期间定时测定糖度和酒精度，直至酒精度升高和糖度降低到无明显变化时，终止发酵。

（6）调味、过滤、灭菌　加入适量果味蜂蜜、冰糖调味，并煮沸数分钟后，先用滤布粗滤，再将所得滤液用滤纸上铺一定厚度硅藻土的方法精滤。在65～85℃杀菌15～20min。

（7）澄清过滤、成品　选用0.25%壳聚糖对苹果酒进行澄清，澄清后灌装即得成品。

（三）质量指标

（1）感官指标　浅黄绿色，酒体有光泽，澄清透明，无肉眼可见杂质。具有新鲜悦人的果香和浓郁的酒香，香味自然、协调，无异味。口感柔和协调，酒体丰满，余味充足。

（2）理化指标　酒精度（体积分数）10%～12%，总酸（以苹果酸计）0.4～0.5g/100mL，总糖（以葡萄糖计）0.2～0.4g/100mL，可溶性固形物≥10g/100mL。

（3）微生物指标　细菌总数≤50个/100mL，大肠菌群<3个/100mL，致病菌不得检出。

二、冬果梨果酒

（一）工艺流程

冬果梨→挑选→清洗→榨汁（加Na_2SO_3和果胶酶）→酶解→过滤→调配→发酵→分离→后发酵→澄清处理→过滤→灭菌→成品

（二）操作要点

（1）原料处理　选择无损、成熟度好的冬果梨，用清水充分洗涤表面的泥土污物、大量的微生物和残余农药。先将抗坏血酸、柠檬酸、食盐以1：2：4的比例放入1000mL水中制成护色液，再将清洗好的冬果梨切块、去核，放入护色液中待用。

（2）梨汁的制备和护色　将果块榨汁，因梨的表面含有大量的果胶物质，为提高出汁率，改善梨汁的澄清度，添加0.02%的果胶酶分解其中的果胶物质，酶解温度为45℃，酶解时间为1.5h。护色和杀菌常采用Na_2SO_3，添加量为0.01%。

（3）梨汁的成分调整　在酒精发酵前要对果汁的成分进行调整，当果汁中糖浓度为16%左右时，可以得到最大的酒精生产率，若超过25%时，则酒精生产率明显下降，随着糖度的增加，发酵液的残糖也逐渐增加，最后调整pH至4.0左右。

（4）梨汁的发酵

①复水活化酵母的制备。在42℃的温水中加入10%的酒精高活性干酵母，小心混匀，静置使之复水、活化，每隔10min轻轻搅拌1次，经20～30min酵母已经复水活化，直接添加到加Na_2SO_3的果汁中进行发酵。

② 取一定量的梨汁于三角瓶中，装入量为三角瓶容积的4/5，加入2%～8%的复水活化酵母搅拌均匀，温度控制在20～26℃。发酵的时间随酵母的活性与发酵温度而变化，一般约为3～12d。残糖降为0.4%以下时主发酵结束。

(5) 果酒的澄清处理　由于果酒中含有较多的蛋白质、单宁、果胶、色素等，所以在长期的储藏过程中容易发生浑浊并发生氧化变质，使果酒品质下降。一般以明胶为主要澄清剂澄清果酒，明胶溶液的使用量为0.6%。

(6) 灭菌、成品　滤后的酒液置于90℃下杀菌25s，随即装瓶密封。

(三) 质量指标

(1) 感官指标　橙黄色，澄清透明，无悬浮物，无沉淀，有光泽；酒香醇和，具有冬果梨的梨香味和浓郁的酒香味。

(2) 理化指标　总酸（以酒石酸计）5.2g/L，挥发酸（以乙酸计）0.5g/L，总糖含量（以葡萄糖计）43.6g/L，酒精度（20℃，体积分数）9.8%。

(3) 微生物指标　沙门菌和金黄色葡萄球菌不得检出。

三、半干型酥梨果酒

(一) 工艺流程

选料→清洗→破碎→果胶酶酶解→灭酶→冷却→调整成分→接种发酵→过滤→陈酿→澄清→装瓶包装

(二) 操作要点

(1) 选料、清洗、破碎　选择成熟度高、无腐烂的原料用清水冲净，沥干备用。将选出的梨用破碎机打成均匀的小块，梨块直径以1～2cm为宜。

(2) 果胶酶酶解　酥梨破碎后进行SO_2处理，SO_2添加量为60mg/L。酥梨汁酶解处理：果胶酶添加量0.02%，酶解温度55℃，酶解时间120min，85℃、10min灭酶后用冷却水快速冷却至常温，之后调整含糖量为28%。

(3) 接种发酵　接种发酵中酵母液接种量为4%，恒温28℃主发酵7d，经主发酵分离后的清汁入另一发酵罐进行后发酵。后发酵的温度为15～22℃，时间3～5d。最后进行陈酿2个月。

(4) 澄清处理　加入明胶进行澄清处理，澄清剂的用量一般为12～14g/100kg，下胶后一般静置6～7d后进行过滤。

(5) 成品　过滤澄清的原酒装瓶密封，即为成品。

(三) 质量指标

(1) 感官指标　色泽微黄，相对清亮，酸甜适中，香气浓郁，具有悦人酒香和酥梨果香。

（2）理化指标　酒精度为12.2%。

（3）微生物指标　沙门菌和金黄色葡萄球菌不得检出。

四、玫瑰茄苹果果酒

（一）工艺流程

玫瑰茄→浸提→过滤
↓
混合→发酵→过滤→杀菌→灌装
↑
苹果→切块→护色→打浆制汁、初发酵

（二）操作要点

（1）玫瑰茄提取液的制备　去除玫瑰茄上的异物，清洗干净，玫瑰茄和纯净水按1∶100的料液比在60℃浸提1h，过滤，低温保存备用。

（2）苹果汁的制备　选择色泽相近，无腐烂、无破损的红富士苹果，清洗干净；去皮和核后，切成小块，放入0.04%维生素C和0.1%柠檬酸的混合溶剂中进行护色处理，然后放入料理机中打浆；打浆后的苹果汁加入终浓度为250mg/L的果胶酶，在50℃下水解1h，然后95℃灭菌5min，备用。

（3）苹果汁初发酵　向水解后的苹果汁中加入0.05%的酿酒酵母和20%的蔗糖，在28℃下初步发酵6h。

（4）混合发酵　将初发酵的苹果汁与1%的玫瑰茄提取液按2∶3重量比混合，在28℃下混合发酵，发酵过程中注意颜色及气味的变化，发酵完成后，过滤。

（5）杀菌、灌装　过滤后的发酵液85℃杀菌5min，灌装后即为玫瑰茄苹果果酒成品。

（三）质量指标

（1）感官指标　玫瑰红色，色泽均匀，清亮透明，具有苹果果香，酸甜爽口。无悬浮物、分层、沉淀和杂质。

（2）理化指标　酒精度11.8%，可溶性固形物15.1%，酸度0.45g/100mL。

（3）微生物指标　沙门菌和金黄色葡萄球菌不得检出。

五、山楂酒

（一）工艺流程

山楂→挑选→清洗→破碎→酶解→添加酵母、SO_2→前发酵→后发酵→过

滤→储存→热处理→陈酿→成品

（二）操作要点

（1）原料选择　选用成熟度高、色泽好、新鲜饱满的山楂果实，剔除腐烂、病虫及霉变果。

（2）酶解　将山楂与90℃热纯净水按照1∶2（kg/L）比例混合破碎，在山楂的破碎压榨过程中及时分离果梗。按照100mg/L量添加果胶酶，40～45℃保温处理4～6h。

（3）成分调整　按照1.7g糖可发酵生成1%酒精计算，为酿制酒精度11%～13%的山楂红酒，补加一定量的蔗糖，糖在发酵前一次性加入，均匀搅拌使其完全溶解，最终将发酵液的糖度调整到20%～24%。

（4）前发酵　发酵初期，每天进行搅拌促进酵母增殖，每天进行2次以上的温度观察，保持温度在22～25℃，定期观测酒度、糖度、酸度的变化。密切注意CO_2变化，随着主发酵的进行，酒液会产生大量的CO_2气体溢出，形成厌氧环境，利于酵母的发酵作用，但当CO_2气体分压高于1.01×10^5Pa时，对酵母菌会产生抑制作用，影响发酵顺利进行，因此应进行适当排气。当酒度、糖度无明显变化时，主发酵即结束，前发酵时间为7～10d。

（5）后发酵　主发酵结束后，补充少量酵母和SO_2，留出少量空间，有利于残糖的进一步发酵，在后发酵过程中，应经常观察酒液表面，必要时通过取样进行观察，确保没有感染杂菌，到液面平静、酒液清晰为止。后发酵的时间为15～20d。

（6）热处理　后发酵结束后，立即将酒液与果渣分离，除去积淀到底部的酒渣、发酵络合物、果泥等易产生不良气味的物质，将分离出的酒液进行热处理。热处理采用66～70℃保温1h。注意保温时不可高于76℃，以免造成酒精的挥发。

（7）陈酿　将酒液放在20℃以下避光保存，酒液自身发生氧化还原、聚合沉淀等反应，同时酒中香气互相融合，香气物质更加协调，酒中不良风味物质减少，而且促使蛋白质、果胶、单宁等物质析出，使得酒味更加香醇。不断地补充同类山楂原酒，保持满瓶状态。陈酿时间不低于180d。

（8）装瓶　把过滤的原酒装瓶封口，并在70℃杀菌10min后保存。

（三）质量指标

（1）感官指标　宝石红色，澄清透明，具有山楂果香与幽雅的酒香，醇厚丰满，酸甜适口，微带苦涩，回味爽口。

（2）理化指标　酒精度（体积分数）11.0%～13.0%，总酸（以柠檬酸计）

4.5～6.5g/L，挥发酸（以乙酸计）≤0.8g/L，总糖（以葡萄糖计）120.0～130.0g/L，干浸出物≥20g/L，总黄酮≥100mg/100mL，游离 SO_2≤30mg/L。

（3）微生物指标　沙门菌和金黄色葡萄球菌不得检出。

六、低度海红果酒

（一）工艺流程

活性干酵母→复水活化
↓
浓缩海红果汁→稀释→杀菌→加 SO_2→控温发酵（20℃）→终止发酵→澄清→过滤→巴氏杀菌→灌装→成品

（二）操作要点

（1）原料处理　将浓缩海红果汁对水稀释，手持折光仪测得可溶性固形物含量为20°Brix，费林法测得总糖含量为150～160g/L。根据糖度每降低1.7%，酒精度升高1%（体积分数）计算，要生产酒精度为5%（体积分数）的甜型酒（糖度≥50g/L），稀释后海红果汁的初始糖度必须≥135g/L。海红果汁在接种酵母之前加入45mg/L的 SO_2 以抑制杂菌生长，且能保护果汁不被氧化。考虑到海红果酒的稳定性，稀释后的海红果汁不再将其酸度调高，即采用自然pH发酵。

（2）控温发酵　称取所需量的VL2活性干酵母，加入约20mL的待发酵海红果汁，在37℃水浴中活化30min，再加入少量待发酵海红果汁，直至其温度下降到与待接种海红果汁温差在5℃以内即可搅拌加入。活性干酵母的接种量为0.02%。

（3）发酵　接种酵母后，在20℃的温度条件下进行发酵，定时监测发酵酒液的总糖含量，按照糖度与酒精度的换算公式，当监测到总糖含量减少量为85g/L时，测定发酵酒液的酒精度并加热到68℃，保持10min终止发酵，然后降温到发酵温度。

（4）澄清过滤　称取10g皂土，将其缓缓加入100mL50℃左右的纯净水中，浸泡24h，再搅拌成均匀的浆体，制备成5%的皂土溶液，再将其在水浴中加热至80℃，冷却备用。皂土溶液的添加量为1%。

（5）装瓶　把过滤的原酒装瓶封口，并在70℃杀菌10min后保存。

（三）质量指标

（1）感官指标　浅红棕色，澄清透明，有光泽；有浓郁的海红果香气和协调的酒香，酒体丰满，醇厚协调，酸甜适当，清爽可口。

（2）理化指标　酒精度（体积分数）4.9%～5.1%，总酸（以酒石酸计）10～12g/L，总糖68.3～71.7g/L，游离SO_2＜50mg/L，干浸出物39.6g/L。

（3）微生物指标　沙门菌和金黄色葡萄球菌不得检出。

七、海棠果果酒

（一）工艺流程

原料预处理→钝压破碎→打浆→酶解→发酵→分离→后酵→下胶澄清→抽滤→冷沉→灌装→成品酒

（二）操作要点

（1）原料处理　挑选新鲜成熟的海棠果，洗净、去核、钝压破碎，加1倍体积的4%脱臭酒精软化水打浆，巴氏灭菌60℃，10min。

（2）酶解　果浆冷却后，分别加入果浆质量0.05%的纤维素酶和果胶酶，并加入0.015%的偏重亚硫酸钾，密封50℃酶解2h。

（3）发酵　将海棠果酿酒酵母在无菌环境下接种到YPD培养基中，25℃培养2d，得到活化好的酿酒酵母。将活化好的酿酒酵母接入扩大培养基中，25℃培养至产生大量气泡时为止，得到海棠果酿酒酵母种子液。将果浆装入经高压蒸汽灭菌后的发酵罐中，接入8%的海棠果酿酒酵母种子液，摇匀，并用纱布封口，发酵7d，期间每天摇瓶2次。至产气停止，糖度降至1°Bx左右时即结束主发酵期。

（4）后酵　将酒、渣分离，酒渣经蒸馏回收酒精和酒糟。酒液进行后酵，即陈酿。由于原酒抵抗微生物的能力有限，因此，再加入酒液体积0.1%的偏重亚硫酸钾，作用是降低原酒的氧化，保持其果香味。酒液每10d左右倒1次酒渣，倒至无酒渣产生为止。

（5）下胶澄清　为了加速原酒的澄清速度，缩短生产周期，向后酵液中加入0.4%的热明胶溶液，振摇30min。25℃静置5d，过滤，得澄清酒液。

（6）冷沉　澄清的酒液若经长期储存，尤其在低温条件下，极有可能出现浑浊。因此需将酒液在－5～－3℃下冷冻至浑浊或产生沉淀，然后趁冷精滤除去沉淀。

（7）成品　装瓶后于70℃热水中杀菌15min，取出冷却即为成品。

（三）质量指标

（1）感官指标　色泽浅红，口感柔和，海棠果香味浓郁。

（2）理化指标　酒精度11.2%，还原糖2.9g/L，总酸度6.4g/L。

（3）微生物指标　沙门菌和金黄色葡萄球菌不得检出。

八、发酵型白刺果酒

（一）工艺流程

酵母活化→添加酵母

↓

白刺果→分选→榨汁→调整糖度、酸度→发酵→分离、倒罐→后发酵→澄清→过滤→检测→灌装→成品

（二）操作要点

（1）原料处理　去除白刺果柄、枝叶和霉烂果实，榨汁，混合，添加0.3%果胶酶，37℃保温1h后加热到95℃灭酶20min，冷却后向果汁中添加100mg/L的SO_2以备发酵。

（2）调整糖度和酸度　调整白刺果汁糖度为22°Bx，用酒石酸调整酸度为6g/L。

（3）果酒酵母活化、发酵　取白刺果汁0.2%的果酒干酵母，按1：20比例投放于35～38℃温水中水浴活化1h。将活化好的酵母接入白刺果汁中发酵，装罐量为80%，每天测定糖度和酒精度，当糖度小于5%时，酒精度不再上升，发酵结束，得到白刺果原酒液。

（4）澄清过滤　取白刺果发酵原酒，加入膨润土进行澄清，用量为80mg/L，过滤后得到澄清的白刺果酒。

（5）成品　澄清过滤后的酒液于80℃加热5min，然后装瓶密封，即为成品。

（三）质量指标

（1）感官指标　亮丽的红宝石色泽，澄清透明，无浑浊，无沉淀，酸甜适中，醇和爽口，无异味，白刺果独特的果香味，香味浓郁协调。

（2）理化指标　酒精度（体积分数）12%，总糖（以葡萄糖计）≤5g/L，总酸（以酒石酸计）≤5g/L，挥发酸（以乙酸计）≤0.6g/L，总二氧化硫≤250mg/L。

（3）微生物指标　细菌总数≤500cfu/mL，大肠杆菌≤3cfu/mL，致病菌不得检出。

九、雪梨绿茶发酵酒

（一）工艺流程

果酒酵母→活化→雪梨汁←过滤←榨汁←清洗←雪梨

↓ ↙白砂糖

茶叶→浸提→茶汤→混匀→主发酵→过滤→后发酵→澄清→成品

（二）操作要点

(1) 雪梨汁制备　将雪梨洗净、削皮、切块，放入榨汁机榨汁，同时加入0.1%食品级柠檬酸防止雪梨褐变。用120目试验筛过滤制得雪梨汁，备用。

(2) 酵母活化　取适量活化好的果酒酵母放入雪梨汁中，在28℃条件下放置20min至酵母起泡，即完成活化。

(3) 绿茶茶汤制备　取适量绿茶，按1∶125比例加入纯净水，煮至沸腾后保温10min。10min后立即用100目试验筛过滤，得茶汤放凉备用。

(4) 装瓶　在绿茶茶汤中加入0.02%的酵母液、23%雪梨汁、20%白砂糖，混匀后装入发酵容器中，保鲜膜封口，外层包裹4层纱布。

(5) 主发酵　将待发酵液放在室温下发酵8d。

(6) 过滤、澄清　发酵8d后的茶酒用8层纱布过滤。加入1%壳聚糖澄清剂，对茶酒进行澄清。

(7) 成品　过滤澄清后的茶酒装瓶密封。

（三）质量指标

(1) 感官指标　茶香、酒香浓厚、协调，香气怡人；澄清透明，光泽透亮；酒体协调爽口，醇厚纯净而无异味。

(2) 理化指标　酒精度10%，总干物质含量5.5°Bx，茶多酚含量814.5mg/kg。

(3) 微生物指标　沙门菌和金黄色葡萄球菌不得检出。

十、安梨酒

（一）工艺流程

SO_2 → 破碎；果胶酶 → 酶解；白糖等 → 调整成分；酵母 → 发酵

安梨→分选除杂→破碎→酶解→调整成分→发酵→分离→澄清处理→陈酿→调配→灭菌→灌装→包装→成品

（二）操作要点

(1) 原料选择　选择八九成熟，此时安梨内的香味物质未释放，做出的酒有一定的典型性。

(2) 清洗　对原料进行多次清洗，剔除腐烂果，残次果、病虫果、未成熟果以及枝叶等。

(3) 破碎　在打浆破碎过程中，加入质量浓度为60～100mg/L的SO_2，以防氧化褐变。另外，梨内含有各种酶，易发生酶促反应褐变。

(4) 酶解　在梨浆中按质量浓度为50mg/L的剂量添加果胶酶。经过果胶酶酶解24h，出汁率可达70%以上。

(5) 调整糖度和酸度　酶解后，用板框过滤机压滤出清汁。果汁中的含糖量越高越好，一般含糖量5%～23%，发酵前要对果汁进行调整。含糖量不足部分加糖补充，安梨果酒的最终酒精度（体积分数）为10%，以质量浓度为17g/L的糖产生1%酒精的经验参数补充糖分。发酵前应适当调整酸度，一般为0.4～0.6g/100mL。

(6) 发酵　活性干酵母粉在加入前，用质量浓度为100g/L的糖水，37℃活化30min。待酵母完全活化后，加入到发酵罐中，使酵母分散均匀，整个发酵过程将温度控制在15℃左右。

(7) 分离　发酵7d左右，待含糖量降至4g/L时，即为发酵结束。用板框压滤机过滤出酒脚分离出原酒。

(8) 澄清　分离出的原酒十分浑浊，需要加入3%皂土澄清剂进行澄清，整个澄清过程大概需要10d左右。

(9) 陈酿　刚酿制出来的新酒口味粗糙，香味不足，酒体不协调，必须经过一段时间的储存，才能使酒质芳香醇和，酒体丰满协调。在陈酿过程中，要做好酒的管理，定期检查酒的液面，定期检测酒的总酸和挥发酸含量。同时定期检测SO_2的残留量，需要时进行补加。

(10) 调配　为了使果酒最终产品的风味更佳，达到特定的质量指标，还需要对陈酿后的果酒进行调配，加入适量的白砂糖、柠檬酸以及酒石酸等使果酒的酒精度为10%，含糖量约为4%，总酸度为0.4%～0.6%。

(11) 杀菌　为延长果酒的保质期，杀灭酒中的微生物，确保成品酒的品质稳定性，一般采取80℃加热5min的方式进行杀菌，不仅能杀灭微生物，还可以最低限度破坏酒的品质。

(12) 灌装和包装　杀菌后的成品酒，进入无菌灌装车间进行灌装，灌装时要对酒瓶进行清洗和杀菌。装好的酒先装入酒盒，再装箱密封，入库。

（三）质量指标

(1) 感官指标　黄色或棕黄色，清亮透明，具有清雅的酒香和安梨独特的果香，口味纯正柔和，绵软爽口，具有安梨酒的独特风格。

(2) 理化指标　酒精度10%，总糖4%，总酸0.4%～0.6%，总$SO_2 <$ 100mg/kg。

(3) 微生物指标　沙门菌和金黄色葡萄球菌不得检出。

十一、榅桲果酒

（一）工艺流程

榅桲预选→果实预处理→切块→榨汁（料水比1∶4）→浸提（45℃，2h）→

灭菌（118℃、30min)→接种→发酵→粗、细滤→澄清→陈酿→调配→灌装→巴氏杀菌→成品

（二）操作要点

（1）榅桲预选　选成熟度八成以上的榅桲，剔除虫斑果、腐烂果。

（2）果实预处理　将果实表面的绒毛脱去，并除去种子、果蒂，然后清洗干净。

（3）切块　将果肉切成 50g 大小均匀的葡萄块。

（4）榨汁　将果肉与蒸馏水按 1∶4 的料水比榨成果汁，并添加二氧化硫 40mg/L 及 0.3%果胶酶。

（5）浸提　将果汁在 45℃的温水中浸提 2h。

（6）灭菌　在 118℃灭菌 30min。

（7）接种　用 10 倍的 30～35℃的果汁活化干酵母 10～20min。

（8）粗、细滤　用纱布及滤纸过滤酒样。

（9）澄清　静置 1～2d。

（10）调配　果汁与果酒调配比为 1∶5。

（11）灌装、杀菌　装瓶后于 80℃保温 5min，冷却即为成品。

（三）质量指标

（1）感官指标　黄色，色泽透亮，酒味较浓，余味有浅的果味。

（2）理化指标　酒精度 7.2%，可溶性固形物含量 3.4%。

（3）微生物指标　沙门菌和金黄色葡萄球菌不得检出。

十二、野生粉枝莓果酒

（一）工艺流程

添加二氧化硫、果胶酶、白砂糖
↓
原料选择→清洗、除梗→破碎→粉枝莓果浆→发酵→压榨过滤→澄清→杀菌→装瓶→成品

（二）操作要点

（1）原料处理　剔除原料中的枝叶杂质，经清水淘洗、沥干、破碎制成果浆。

（2）发酵　按破碎好的物料质量加入 0.4%左右的果酒专用酵母，充分拌匀后装入发酵罐，让其糖化 24h，同时使酵母增殖。糖化完毕后根据汁液中含糖分多少加适量水，要求进入初期发酵的物料糖度不低于 13%。若糖分不足，可补

加砂糖。采用低温发酵，控温20℃左右，发酵20d。

（3）过滤、澄清　发酵成熟后进行压榨，按每100kg酒加入15g左右明胶，先将明胶用清水浸泡12h，置水浴中加热溶化，加少量待处理的酒，搅匀后倒入大罐内，充分搅拌，让其自然澄清1个月以上，然后过滤打入酒坛中，储存3个月以上。

（4）杀菌、装瓶　将除去多量单宁后的发酵原酒进行过滤，80℃加热10min杀菌后再灌瓶。

（三）质量指标

（1）感官指标　澄清透亮、有光泽、淡黄色；优雅愉悦和谐的果香与酒香；酒体丰满、酸甜适口、柔细轻快；典型完美、风格独特、优雅无缺。

（2）理化指标　酒精度7.2%，总糖（以还原糖计）7.78g/L，滴定酸（以酒石酸计）13.6g/L。

（3）微生物指标　沙门菌和金黄色葡萄球菌不得检出。

十三、火棘发酵果酒

（一）工艺流程

原料→分选、清洗→破碎→硫处理→脱涩→压榨→过滤→主发酵→后发酵→分离→陈酿→调配→精滤→灌装→密封→杀菌→成品

（二）操作要点

（1）原料处理　选充分成熟果实，剔除霉烂果，用清水将果实漂洗干净。破碎时应避免破碎果籽，破碎时加入适量亚硫酸钠的稀溶液，使二氧化硫含量达到100mg/L，既可以增加破碎效果，又可抑制果浆中野生酵母、细菌、霉菌等微生物的繁殖并减少果实中易氧化成分的氧化反应。

（2）脱涩　火棘单宁含量较高，涩味太浓，影响果酒质量，因此发酵前应进行脱涩处理，将破碎的果浆放入0.1%NaCl和1%柠檬酸的混合溶液中，于50℃保温脱涩15min，使单宁物质减少60%左右，脱涩后清洗干净，进行压榨、过滤，取火棘果汁进行发酵。

（3）调整成分　采用一次性补足糖分，可溶性固形物调至23°Bx，蔗糖用稀释后的原汁充分溶解后加入。

（4）酵母活化　在36℃下活化20min，然后在32℃下活化1h，充分冷却至果汁温度后方可接种。

（5）接种　酿酒酵母的添加量为0.12%，生香酵母的添加量为0.01%。

（6）主发酵　在25℃恒温箱中发酵7d。

（7）后发酵　在18℃温度下，后发酵25d。

（8）调整成分　根据口感采用添加蔗糖和柠檬酸的方式调整糖酸比例。

（9）过滤和杀菌　采用硅藻土过滤，选用明胶、单宁澄清。要使火棘果酒澄清，必须进行过滤，往往先下胶，100kg 原酒中加入 6～10g 单宁、24～26g 明胶，先用热水溶解单宁，加入酒中搅拌均匀，再加入明胶，因正负电荷相结合，形成絮状沉淀下沉吸附酒样中的杂质、灰尘，静置 10～15d 后，进行过滤。杀菌，采用 85℃杀菌 25～30min 即可，然后尽快冷却至室温。

（10）成品　冷却至室温后立即灌装。

（三）质量指标

（1）感官指标　浅橙红色，澄清透明；香气纯正，优雅，果香酒香协调，具有火棘怡人香气，具有甘甜醇厚的口味，酸甜可口，酒体丰满柔顺，口感醇和，回味悠长。

（2）理化指标　酒精度（体积分数）10%～11%，总糖≤40g/L，总酸（以苹果酸计）4.5～5.5g/L，挥发酸（以醋酸计）≤6g/L。

（3）微生物指标　细菌总数≤50 个/mL，大肠杆菌≤3 个/mL，致病菌不得检出。

十四、山楂干果酒

（一）工艺流程

山楂→分选→清洗→浸泡→分离→榨汁→山楂干原酒→调配过滤→酒液→装罐→灭菌→冷却→成品

（二）操作要点

（1）原料分选　选择成熟度高、色红、无霉变、无霉烂、无杂质的山楂干。

（2）清洗　将山楂干先用自来水冲洗，去除表面的尘土及杂质，再用 0.02%的高锰酸钾溶液浸泡 5min，后用清水冲洗至水的颜色呈无色为止，最后沥干水分待用。

（3）浸泡　使山楂干中的可溶性物质及一些营养成分充分溶出。一般需要 2 次浸泡，第 1 次浸泡时质量比例为山楂干：蒸馏水：食用酒精＝1：2：4，浸泡时间为 30d，过滤得第 1 次浸泡液；第 2 次浸泡时比例为果渣：蒸馏水＝1：1.5，浸泡时间为 24h，过滤后得第 2 次浸泡液；合并前后 2 次浸泡液密闭储存备用。

（4）榨汁　将果渣榨汁后进行蒸馏回收，压榨时比例为果渣：纯净水＝1：1.5，然后将所得液与前 2 次浸泡液混合密闭储存。

（5）山楂干原酒　将储存 30d 的浸泡液经 200 目的筛网过滤后倒缸，再密闭储藏 20d 左右，再次过滤倒缸储藏，反复几次直至酒液澄清透明为止，此时制得的酒液称为原酒。

(6) 调配、过滤、灭菌　将原酒、糖浆、纯净水等按比例进行调配，使其酒精度为15%～20%，糖度12%～15%，再加入适量的焦糖色素和0.01%明胶澄清剂，入缸储存15d左右。过滤后得酒液。采用巴氏消毒法，放置在70℃水浴中保持15～20min，最后冷却到45℃以下即得成品。

（三）质量指标

(1) 感官指标　色泽纯正，鲜艳的宝石红色，澄清透明，无沉淀和悬浮杂质；甜而微酸，爽口，无异味，有山楂香气。

(2) 理化指标　酒精度（20℃，体积分数）15%～20%，糖度12%～15%，甲醇≤0.05g/100mL，甲醇油0.15g/100mL，总酸0.2%～0.4%。

(3) 微生物指标　菌落总数≤100cfu/mL，大肠菌群≤3MPN/mL，致病菌不得检出。

十五、茶香型苹果酒

（一）工艺流程

茶汤制备→↓　↓←酵母扩培

苹果→清洗→去皮、去核、切块→压榨→添加SO_2→调整糖度、pH→酒精发酵→灭菌→澄清、过滤→灌装→成品

（二）操作要点

(1) 原料处理　苹果经过精选、去皮、清洗、切块、压榨，添加50mg/L的二氧化硫制得苹果汁，备用。

(2) 茶汤的制备　茶叶粉碎并过40目筛，茶水比为3∶100（质量分数），于95℃水浴锅中浸提0.5h，再过滤，备用。

(3) 培养基制备　活化培养基（质量分数）：苹果汁30%，水70%，琼脂2%，pH5～5.5，121℃下，灭菌30min。种子培养基（质量分数）：苹果汁30%，茶汤30%，水40%，pH5.0～5.5，115℃下，灭菌20min。

(4) 菌种的活化　挑取1环酿酒酵母CJ接种于活化培养基上，在25℃下恒温培养2d。

(5) 种子液的制备　挑取1环活化后的酿酒酵母CJ接种于10mL种子培养基上，在25℃下恒温培养2d。

(6) 成分调整　待茶汤温度降至30℃左右，再加入30%（质量分数）的苹果汁，总糖调整至180g/L，pH调整至为3.8。

(7) 发酵　将接种量为8%的种子液接入发酵液中，添加0.04g/L的果胶

酶，搅拌均匀，于25℃恒温培养箱中发酵10d。发酵中每隔一定时间检测酵母数和其他主要成分，并同时感官评定茶香型苹果酒。

(8) 灭菌、过滤　将酒液在80℃下保温10min杀菌，然后加入0.1%明胶过滤。

(9) 成品　过滤后的酒液灌装即得成品。

(三) 质量指标

(1) 感官指标　色泽呈黄色，酒香纯正、优雅、柔和，口感醇厚、协调，酒体圆润，具有典型的绿茶香。

(2) 理化指标　酒精度11%，总糖6.5g/L，多酚5.1mg/mL。

(3) 微生物指标　沙门菌和金黄色葡萄球菌不得检出。

十六、金樱子发酵果酒

(一) 工艺流程

原料挑选→破碎→浸提→成分调整→发酵→澄清→过滤→灭菌→成品

(二) 操作要点

(1) 原料挑选　果实要求成熟度在95%以上，新鲜，无青果和霉烂果。

(2) 破碎、浸提　先将洗净、沥干的果实破碎成6mm左右的果块，将果块与种子分离后，再把果块进一步破碎成2～5mm的碎块，按果块：纯净水=1：3的比例混合，加热煮沸，维持5min后停止加热，浸提6h后过滤取汁，间接搅拌2～3次。

(3) 成分调整　将金樱子汁中添加5%白糖发酵。

(4) 发酵　接入经活化后的干酵母（为发酵果汁量的0.02%），控制20℃下低温发酵，经16d后主发酵基本完成。此时，发酵液总糖稳定在1.5g/100mL左右，虹吸上清液于储罐，补加50mg/kg二氧化硫，经15d后倒罐1次，除去酒脚，共2次倒罐后于15℃以下密封储存2个月以上。

(5) 澄清过滤　采用明胶单宁澄清法，加入1%明胶、1%单宁后，在15℃条件下静置10d，虹吸上清液，用3%硅藻土过滤。

(6) 除菌、灌装　过滤后的酒液采用过滤膜除菌，然后进行无菌灌装即得成品。

(三) 质量指标

(1) 感官指标　色泽为宝石红色，晶亮透明澄清，金樱子果香浓郁，酒香怡人，口感醇和丰硕，酒体结构感强，具有金樱子之典型性。

(2) 理化指标　酒精度11.2%，总糖（以葡萄糖计）78.5g/L，总酸（以柠檬酸计）5.25g/L，挥发酸（以醋酸计）0.42g/L，游离二氧化硫 27.6mg/L，干浸出物 19.38g/L，总二氧化硫 116mg/L。

（3）微生物指标　大肠菌群未检出，细菌总数≤10 个/mL。

十七、金樱子蜂蜜酒

（一）工艺流程

金樱子果实→除杂、除籽→破碎→灭菌→ 打浆　蜂蜜

↓　↓

糯米→糖化发酵→甜酒酿→发酵→调配→澄清→过滤→成品

（二）操作要点

（1）甜酒酿的制备　选取优质糯米，净水浸泡，沥水，蒸饭后拌曲发酵，经 7～8d 发酵即可得。

（2）金樱子果浆的制备　将金樱子果实剔除虫蛀、病斑、变色果和果柄、枝叶等杂物，用布袋包裹后，拿木板轻压揉擦，除去果表皮刺，放入流水中冲洗表面尘埃和皮刺，置阴凉处沥干水；除籽、破碎、打浆，制得金樱子果浆。果浆压榨取汁则得金樱子果汁。

（3）蜂蜜的预处理　先在锅里添加一定量的水，边加热搅拌边将色浅、糖度高的优质柑橘蜜缓慢倒入热锅中，撇去液面上浮沫，趁热过滤，迅速冷却至25～28℃。

（4）发酵　将甜酒酿中加入不同比例经灭菌的金樱子果浆和蜂蜜（质量比例为 4：1），室温下培养至发酵基本结束。

（5）调配　发酵结束后添加适量的金樱子果汁及蜂蜜，使金樱子果汁含量≥300mL/L，蜂蜜含量≥200g/L。

（6）澄清过滤　取经发酵的上层酒液，添加 2%明胶及 3%硅藻土过滤。

（7）成品　过滤完成后的酒液，立即进行无菌灌装。

（三）质量指标

（1）感官指标　淡黄色，清亮透明，久置允许有微量沉淀，无异物，酒体均匀一致；具有金樱子蜜酒特有馥香，优雅自然；滋味醇厚甘润，酒体丰满，回味悠长，口味纯正。

（2）理化指标　酒精度 17%～19%，糖度（以转化糖计）100～120g/kg，总酸（以醋酸计）5～6g/kg。

（3）微生物指标　细菌总数≤100 个/mL，大肠菌群≤30 个/L，致病菌不得检出。

十八、黄皮果酒

（一）工艺流程

无核黄皮→清洗→破碎打浆→调整→酶解→果汁澄清→控温发酵→陈酿→净化处理→调配→冷冻过滤→除菌灌装→成品

（二）操作要点

（1）原料挑选　无核黄皮要求七八成熟以上，用于生产的无核黄皮必须无烂果、病虫果。

（2）破碎打浆　将准备破碎的无核黄皮鲜果进行分选，并用加入亚硫酸的高压清水进行冲洗，然后用打浆机进行破碎，应在此工序补加二氧化硫 60mg/L，除起杀菌作用外，也能起到澄清作用。

（3）酶解浸渍　将无核黄皮果肉倒入小型控温浸渍罐中，加入活化好的 Ex 果胶酶 60mg/L，循环搅拌均匀，浸渍时间在 8～12h。同时开启冷却水对果汁进行降温，降温至 10～15℃。

（4）控温发酵　将 M05 活性干酵母活化好后按 0.4～1g/L 缓慢加入到发酵罐中，并视需要加入营养剂，然后循环搅拌均匀。发酵温度控制在 18～25℃，48h 后转罐分离，准确检测果汁的糖度和酒精度。根据化验数据，按 17.5g/L 糖分转化 1%酒精补加白砂糖，使最终发酵酒度达到 12%。发酵时间为 20～30d。

（5）陈酿　发酵结束后进行陈酿，时间在 1 个月左右，温度低于 18℃。

（6）净化处理　为促使果酒尽快澄清，采用壳聚糖与皂土相结合的办法。加入量为皂土 350mg/L，壳聚糖 150mg/L，加入后充分搅拌均匀，第 2 天必须再搅拌 1 次，使它们充分和酒液接触。下胶后，静置 7～10d，待酒脚完全沉淀后，分离酒脚并用板框过滤机进行过滤，以得到澄清的酒液。

（7）调配　根据口感调整糖酸比，使口感达到酸甜可口、果香浓郁、酒体饱满的效果。

（8）冷冻过滤　调配合格后的酒转到冷冻罐中，降温到 0.5～1.0℃，前 3d 每天搅拌 1 次，达到冷冻温度后保持 7d 以上。冻后的酒用板框过滤机过滤，过滤必须在同温下进行。

（9）除菌灌装　将精滤黄皮果酒抽入干净的配料罐内，开动酒泵循环，用冷热薄板换热器进行瞬时杀菌。杀菌温度控制在 95～110℃，时间大于 10s，杀菌后酒温应低于 35℃。将除菌过滤后的黄皮果酒分装于玻璃瓶中即为成品。

（三）质量指标

（1）感官指标　清澈透明，无明显悬浮物，呈浅黄色；具有浓郁的黄皮果香，口感醇厚圆润、酒体丰满、回味绵延；具有独特的黄皮果酒风格，典型性突出。

(2) 理化指标　酒精度 8%～24%，含糖量≤200g/L，滴定酸（以酒石酸计）≤6.0g/L，挥发酸（以乙酸计）≤1.2g/L。

(3) 微生物指标　细菌总数≤50cfu/mL，大肠杆菌≤3MPN/100mL。

十九、龙葵果酒

（一）工艺流程

龙葵果→挑选→清洗→捣碎、浆体→调糖调酸（添加蜂蜜）→发酵→压榨→澄清→过滤→陈酿→成品

（二）操作要点

(1) 浆体的制备　龙葵果应在变成紫黑色时采收，收集来的龙葵果除去霉烂果，装入筐内用流动的清水漂洗，然后取出沥干，放入高速组织捣碎机捣碎，得到浆体。

(2) 蜂蜜的处理　蜂蜜加入 1 倍量的水稀释后，在 90℃灭菌 5min，冷却至 30℃左右备用。

(3) 调糖调酸　按 4∶1 的比例将龙葵果浆和经处理的蜂蜜混合，再用白砂糖调整至含糖量为 17%左右。

(4) 发酵　接入 5%的龙葵果汁培养成的酒母，进行酒精发酵，温度控制在 25℃，发酵 5～7d，主发酵结束，压滤出新酒液，封坛后酵 1 个月（20～25℃），澄清处理，并且用白砂糖和适量蜂蜜调酒度。

(5) 陈酿　配制好的酒液陈酿 6 个月至 1 年。

(6) 成品　将陈酿好的酒液过滤后灌装即得成品。

（三）质量指标

(1) 感官指标　紫红，澄清透明、有光泽；具有龙葵果酒应有的芳香，无异味；入口醇和、酸甜可口。

(2) 理化指标　酒精含量（体积分数）15%，总糖 8%，总酸（以柠檬酸计）0.4g/100mL。

(3) 微生物指标　沙门菌和金黄色葡萄球菌不得检出。

二十、花红果酒

（一）工艺流程

花红果→分选→清洗→破碎→取汁→澄清→调糖调酸→初发酵→主发酵→分离→后发酵→储藏→配酒→澄清处理→过滤→杀菌或除菌→无菌灌装→包装→

入库

（二）操作要点

（1）原料处理　选用成熟度较高的花红果，要求无病虫、霉烂、生青，然后用水清洗并沥干水分。用螺旋榨汁机破碎榨汁。

（2）加果胶酶、澄清分离　刚榨出的果汁很浑浊，需及时添加果胶酶和二氧化硫充分混合均匀后，静置24～48h，在未产生发酵现象之前进行分离。由于产生的沉淀物较多且结构疏松，宜选用吸管逐步下移的虹吸法取清汁。

（3）调整糖度和酸度　果实的含糖量越高越好，花红果一般含糖量5%～10%。发酵前要对果汁进行调整。含糖量不足部分加糖补充，以17g/L糖生成1%的酒精计，果酒的酒精度一般控制为7%～14%。有机酸能促进酵母繁殖与抑制腐败菌的生长，发酵前应适当调整酸度，一般要求酸度（质量体积分数）为0.8%～1%。

（4）干酵母活化　使用经过杀菌的卡式罐或种子罐，加入果汁，要求占总容量的70%，在0.06～0.1MPa压力下杀菌15min，冷却至35℃，接入葡萄酒用活性干酵母，接入量为发酵果汁量的0.03%～0.05%，在35～38℃活化15～30min，冷却至28～30℃再移入发酵缸进行接种。

（5）初发酵　初发酵为酵母增殖阶段，持续时间12～24h。这段时间温度控制在25～30℃，并注意通风，促进酵母菌的生长繁殖。

（6）主发酵　为酒精发酵阶段，持续4～7d。当酒精累计接近最高，品温逐渐接近室温，二氧化碳气泡减少，液汁开始澄清，即为主发酵结束。

（7）压榨　主发酵结束之后，果酒呈澄清状态，先打开发酵池的出酒管，让酒自行流出，叫作淋酒。剩余的渣子可用压榨机压榨，称为压榨酒。

（8）后发酵　适宜温度为20℃左右，时间约为1个月。主发酵完成后，原酒中还含有少量糖分，在转换容器时，应适量通风，酵母菌又重新活化，继续发酵，将剩余的糖转变为酒精。

（9）澄清　花红果酒是一种胶体溶液，是以水为分散剂的复杂的分散体系，其主要成分是呈分子状态的水和酒精分子，而其余部分为单宁、色素、有机酸、蛋白质、金属盐类、多糖、果胶质等，它们以胶体（粒子半径为1～100nm）形式存在，是不稳定的胶体溶液，其中会发生物理、化学和生化的变化，影响果酒的澄清透明。花红果酒加工过程中的下胶（添加2%明胶）和澄清（添加3%硅藻土）操作的目的就是除去一些酒中的引起果酒品质变化的因子，以保证花红果酒在以后的货架期内质量稳定，尤其是物理化学上的稳定性。

（10）杀菌　在花红果酒质量指标中，其沉淀是影响货架期的一个重要问题，其中生物性原因沉淀是发生沉淀的主要形式。巴氏灭菌是最有效、最保险的灭菌方法，或者通常采用膜过滤的方式除菌。

（11）成品　除菌后的成品进行无菌灌装。

（三）质量指标

（1）感官指标　宝石红色，清澈透明，纯正清雅的果香和酒香，醇和清新，幽雅爽口。

（2）理化指标　酒精度12%，总糖含量（以葡萄糖计）9～10g/100mL，总酸含量（以酒石酸计）0.25～0.35g/100mL，总二氧化硫≤250mg/L。

（3）微生物指标　沙门菌和金黄色葡萄球菌不得检出。

二十一、茶树花苹果酒

（一）工艺流程

苹果→分选清洗→榨汁→澄清过滤→成分调整→加入干茶树花→巴氏杀菌→冷却→加入葡萄酒酵母、果胶酶→前发酵→补充糖分→接入茶树花酵母→后发酵→倒酒→调配→陈酿→澄清→除菌过滤→成品酒

（二）操作要点

（1）原料的预处理　选择优质的苹果和茶树花。苹果清洗后榨汁，茶树花烘干后粉碎。

（2）种子液的制备　将1g活性干酵母加到20mL的纯净水中，37℃恒温水浴活化30min，将已活化的酵母液稀释涂平板，28℃恒温培养48h，并挑出饱满、形状规则、有光泽度的菌株，将其保藏在YPD斜面培养基上，低温保存，待酵母扩大培养用。将斜面活化后的菌株接种到10mL扩大培养基中，25～28℃活化2d。再以10%接种量接种至100mL苹果汁的锥形瓶中，25～28℃扩大培养1～2d，逐级扩大，经显微镜检测酵母细胞数量级达到10^7个/mL，作为种子液备用。

（3）发酵液的配制　苹果汁用白砂糖和柠檬酸调整其糖度、酸度，添加茶树花。巴氏杀菌，冷却至室温备用。

（4）前发酵　在发酵液中接入一定量的种子液，同时添加一定量的果胶酶和100mg/L二氧化硫，在一定温度下发酵，前发酵完成后适当补充糖分，再接入10%（体积分数）的茶树花酵母种子液（活化方法同葡萄酒酵母）进行二次发酵。

（5）后发酵　当前发酵结束后要及时进行倒酒。倒酒采用虹吸的方法，倒酒时候要注意添加适量的亚硫酸防止酒液被氧化。倒酒后根据不同的口感、风味需要，对糖度和酸度等进行调配。之后将酒放在15～22℃条件下进行陈酿，容器装满度为95%，严密封口尽量缩小酒与空气的接触面，避免杂菌侵入使发酵液败坏。

(6) 澄清　为保证茶树花苹果酒的澄清及稳定，采用添加1%明胶的方法进行茶树花苹果酒的澄清。

(7) 灭菌与储藏　采用巴氏杀菌法对茶树花苹果酒进行除菌，成品酒低温保存。

(8) 成品　灭菌冷却后的酒液立即进行无菌灌装。

(三) 质量指标

(1) 感官指标　澄清透明，有光泽，色泽悦目协调；酒香怡人，有果香和茶花香；酒体丰富，口味协调，较为醇和，柔和爽口，甜酸适当；典型完美，风格独特，优雅无缺。

(2) 理化指标　酒精度11%～12%，可溶性固形物6%～7%，还原糖≤2.5g/L，pH为3.66。

(3) 微生物指标　沙门菌和金黄色葡萄球菌不得检出。

二十二、干型山楂紫薯果酒

(一) 工艺流程

紫薯→分选→切块↓

山楂→分选→破碎→混合→热处理→成分调整→接种发酵→储存→后处理→成品

(二) 操作要点

(1) 原料的选取　选取成熟完好无腐烂的紫薯、山楂为原料。挑选纺锤形状的紫薯，发霉的紫薯含毒素，不可食用；清洗后的紫薯可以去皮也可以不去皮，用切块机或破碎机进行破碎，要求颗粒直径在5mm以下。山楂以果中等大、肉厚、核小、皮颜色深红者为佳，去除霉烂、生虫、变色果等，以免影响产品质量。山楂可以采用破碎机破碎成5～6瓣，不要破碎过碎，以免影响果汁和果酒的澄清。

(2) 清洗　用流动清水漂洗紫薯、山楂，以除去附着在果实上的泥土、杂物以及残留的农药和微生物。

(3) 热处理　按照料水比为1∶3，将纯净水加热至80℃后，加入山楂块，继续加热至煮沸2min后把紫薯块放入锅中继续加热30min左右至汁的色泽鲜红、紫薯块颜色变浅。趁热分离得到紫薯山楂果汁。

(4) 成分调整　测定热提紫薯山楂汁中的含糖量，根据需要补加蔗糖，加糖量按每17g/L糖生成1%（即1mL/100mL）酒精计算。干型果酒的酒精度控制在11%左右。当山楂用量占原料总量50%以上时，不需补加酸，当山楂低于原料总量的25%时，则需要增加酸度，适当添加柠檬酸或苹果酸。

（5）酵母的添加　采用安琪红葡萄酒用活性干酵母，使用量为0.1g/L。准备所需酵母，用10倍左右的5%糖水或紫薯山楂果汁，调整温度38℃左右，将活性干酵母打开包装后缓慢加入到培养液中，轻轻搅拌均匀，然后静置，至泡沫浓厚、蓬松且迅速膨胀，然后缓慢添加到制好的冷却后的紫薯山楂果汁中。

（6）发酵　接种后，控制发酵温度20～22℃，时间10d左右。发酵期间注意观察发酵状况，当发酵液中不再产生气泡时转入后熟储存阶段，时间在2个月以上。

（7）过滤、杀菌、装瓶　储存成熟后的紫薯山楂果酒，经成品品质检测，通过下胶澄清、过滤，无菌灌装即为成品。

（三）质量指标

（1）感官指标　呈紫色或紫红色，澄清透亮，光泽度好，无明显悬浮物和沉淀物；具有本品特有的果香和酒香；入口爽净，醇厚丰满，柔和怡人；酒体协调，典型性好，具有紫薯山楂特有的风味。

（2）理化指标　酒精度11%，总酸（以柠檬酸计）4～6g/L，挥发酸（以乙酸计）≤1.2g/L，总糖（以葡萄糖计）≤4g/L，干浸出物≥14g/L，游离二氧化硫≤50mg/L，总二氧化硫≤200mg/L。

（3）微生物指标　沙门菌和金黄色葡萄球菌不得检出。

二十三、山楂保健果酒

（一）工艺流程

山楂→预处理→破碎→酶解榨汁（果胶酶）→山楂汁→澄清（下胶）→汁液调整→接种发酵→澄清→过滤→灌装→杀菌→冷却→成品

↑——酵母活化（接入接种发酵）

（二）操作要点

（1）原料选择与预处理　选用成熟度高、色泽好、新鲜饱满的山楂果实，剔除腐烂，病虫危害果。将其切片并去籽，加水软化，保持微沸状态3～5min。

（2）酶解榨汁　加入果胶酶0.06%，酶解温度为45℃，酶解pH3.2，时间20min，然后榨汁。

（3）酵母活化　在经高压灭菌含糖2%的低浓度山楂汁液中加入4%干酵母，30℃恒温水浴活化40min，每隔10min搅拌1次。

（4）汁液调整　将澄清的汁液的糖分调整为18%～22%，酸度调整为pH 3～4，备用。

（5）接种发酵　将调整后的汁液分装到发酵瓶中，再将活化好的酵母液按0.2%的接种量加入调整后的发酵料液中，28℃恒温发酵，定时排气，发酵7d

左右。

(6) 澄清过滤　发酵结束后要及时进行分离和过滤，灌装前将澄清好的山楂果酒进行过滤，在分离得到的清酒中添加1%明胶进行澄清，达到无悬浮物、无沉淀、无杂质的目的。

(7) 灌装、杀菌　把酒装入消毒过的玻璃瓶中，在85～90℃热水中杀菌20min，然后冷却至常温，成品检验。

(三) 质量指标

(1) 感官指标　深红透亮，酸涩味适中，无异味，具有香甜的山楂果香和发酵酒香，酒味和果香协调；清澈均匀。

(2) 理化指标　酒精度11%～13%，总糖含量（以葡萄糖计）10～12g/L，总酸含量（以柠檬酸计）7～9g/L，挥发酸含量（以乙酸计）≤0.8g/L，干浸出物含量≥25g/L，游离二氧化硫含量≤50mg/L，总二氧化硫≤250mg/L。

(3) 微生物指标　沙门菌和金黄色葡萄球菌不得检出。

二十四、山梨果酒

(一) 工艺流程

山梨→分选→清洗→破碎→取汁→澄清→调糖调酸→初发酵→主发酵→分离→后发酵→储藏→配酒→澄清处理→过滤→杀菌或除菌→无菌灌装→成品

(二) 操作要点

(1) 原料的选择及处理　选用成熟度较高的山梨果，要求无病虫、霉烂、生青，然后用水清洗并沥干水分。

(2) 破碎取汁　用螺旋榨汁机破碎取汁。

(3) 澄清分离　刚榨出的果汁很浑浊，需及时添加1%果胶酶和50mg/kg的二氧化硫，充分混合均匀后，静置24～48h，在未产生发酵现象之前进行分离。由于产生的沉淀物较多且结构疏松，宜选用吸管逐步下移的虹吸法取清汁。

(4) 调整糖度和酸度　山梨果的含糖量越高越好，山梨果一般含碳水化合物8%～12%，发酵前要对果汁进行调整。含糖量不足部分加糖补充，以17g/L糖生成1%的酒精计，果酒的酒精度一般控制在7%～14%。有机酸能促进酵母繁殖与抑制腐败菌的生长，增加果酒香气，赋予果酒鲜艳的色泽。但过量不但影响发酵的正常进行，而且使酒质变劣。发酵前应适当调整酸度，一般要求酸度为0.8%～1%（质量体积分数）。

(5) 干酵母的活化培养　使用经过杀菌的卡氏罐或种子罐，加入果汁，要求占总容量的70%，在0.06～0.1MPa压力下杀菌15min，冷却至35℃，接入葡萄酒活性干酵母，接入量为发酵果汁量的0.03%～0.05%，在35～38℃活化15～30min，冷却至28～30℃再移入发酵缸进行接种。

(6) 发酵的管理

① 初发酵。为酵母增殖阶段，持续时间12～24h。这段时间温度控制在25～30℃，并注意通风，促进酵母菌的生长繁殖。

② 主发酵期。为酒精发酵阶段，持续4～7d。当酒精累计接近最高，品温逐渐接近室温，二氧化碳气泡减少，液汁开始澄清，即为主发酵结束。

③ 出池压榨。主发酵结束之后，果酒呈澄清状态，先打开发酵池的出酒管，让酒自行流出，剩余的渣滓可用压榨机压榨，称为压榨酒。

④ 后发酵。适宜温度为20℃左右，时间约为1个月。主发酵完成后，原酒中还含有少量糖分，在转换容器时，应适量通风，酵母菌又重新活化，继续发酵，将剩余的糖转变为酒精。

(7) 后处理

① 澄清。酒是一种是不稳定的胶体溶液，会发生物理、化学和生化的变化，影响果酒的透明度。澄清操作的目的就是除去一些酒中的引起果酒品质变化的因子，以保证山梨果酒在以后的货架期内质量稳定，尤其是物理化学上的稳定性。澄清方法采用添加1.5%的明胶处理。

② 杀菌。在山梨果酒质量指标中，成品酒中产生沉淀是影响货架期的一个重要问题。其中微生物引起的沉淀是发生沉淀的主要形式。因此，需加强生产过程控制，应杀灭（去除）制汁、陈酿、发酵、过滤、包装过程中的可能感染的杂菌，严格执行无菌灌装，保证最终产品质量，确保货架期内产品安全。巴氏灭菌是最有效、最保险的灭菌方法，但巴氏灭菌容易引起果酒色泽、口味、营养物质的不良改变，一般在中高档果酒生产中不予采用，中高档果酒通常采用膜过滤的方式除菌。

（三）质量指标

(1) 感官指标　澄清透明，无悬浮物，无沉淀物；芳香醇美，优雅和谐的山梨清香与酒香；风格酸甜适口，酒体丰满，具有山梨酒的典型风格。

(2) 理化指标　总糖40～50g/L，酒精度7%～14%，总酸3.5～4.5g/L。

(3) 微生物指标　沙门菌和金黄色葡萄球菌不得检出。

二十五、早酥梨果酒

（一）工艺流程

早酥梨→清洗→去皮去核→榨汁→护色→酶解过滤→接种→主发酵→分离→后发酵→陈酿→明胶澄清→过滤→成品

（二）操作要点

（1）原料清洗、榨汁　原料清洗干净后，沥干水分，榨汁时添加 0.7g/kg 的抗坏血酸钠和 0.5g/kg 的柠檬酸对果汁进行护色。

（2）酶解过滤　向果汁中添加 100mg/L 的果胶酶，在 40℃条件下酶解 3h 后用 10～20 层灭过菌的纱布对澄清完毕后的梨汁进行过滤。

（3）接种　接种前将 10g/100mL 安琪果酒干酵母与 5g/100mL 的蔗糖溶液混合，36℃静置或搅拌 30min。

（4）发酵　向酶解澄清的梨汁中接入 2%的上述酵母菌液，在 23～25℃条件下进行发酵，主发酵时间为 9d。发酵期间，开始 2 天内酵母菌非常活跃，产生大量的 CO_2，每天排气 3～4 次。

（5）后发酵和陈酿　分离酒脚，分别进行 5～20d 后发酵和 190d 以上的陈酿。

（6）澄清和过滤　以 2%明胶澄清为主，辅以静置澄清法。澄清后的酒液先用 200 目滤布进行粗过滤，再用布氏漏斗以硅藻土为介质进行真空过滤。

（7）成品　过滤后的酒液立即进行无菌灌装。

（三）质量指标

（1）感官指标　具有纯正的果酒香味，香甜可口；口感和谐，清新爽口，糖酸适宜；清亮透明，色泽微黄。

（2）理化指标　酒精度为 11%～13%，总糖≤4g/L，总酸 5～6g/L。

（3）微生物指标　沙门菌和金黄色葡萄球菌不得检出。

二十六、山丁果果酒

（一）工艺流程

山丁果→选果→清洗→去籽→打浆→果胶酶处理→灭酶→过滤→原果汁→调糖（白砂糖）、调酸（柠檬酸）→接种→主发酵→换桶→后发酵→陈酿→澄清→成品

（二）操作要点

（1）选果、清洗　选十分成熟、霜打过的山丁果，清洗干净，去籽。

（2）打浆　将清洗干净的山丁果放入多功能食品粉碎机中，加入等质量的水，再加入偏重亚硫酸钾，使总 SO_2 含量为 80mg/L，打浆。

（3）添加果胶酶　在山丁果浆液中加入 0.02%的果胶酶，在 40℃水浴中酶解 2h，再在 70℃灭酶 30min，放凉备用。

（4）过滤　用 4～6 层无菌纱布过滤，取上清液，添加 1g/L 硫酸铵以补充

酵母菌发酵所需的氮源。

(5) 调糖、调酸　将山丁果浆液的糖度用白糖调整为16%～20%，用柠檬酸将其 pH 调整为适宜酵母生长繁殖的范围。

(6) 接种、发酵　在果汁中添加0.5%活化干酵母，先将果汁在25℃左右发酵7d，等糖度不再降低时，主发酵结束，分离新酒，转入后发酵。

(7) 后发酵　在16℃进行后发酵，后发酵时间控制在10～15d，测定果酒质量指标。然后陈酿1个月。

(8) 澄清、成品　陈酿后的酒液可用硅藻土过滤机进行澄清，然后立即进行无菌灌装。

(三) 质量指标

(1) 感官指标　清澈透明，有光泽；浅红色，具有新鲜山丁果的清香和醇厚协调的酒香；入口清爽，酒质柔和、怡人，无异味；无沉淀、杂质及明显的悬浮物。

(2) 理化指标　酒精度12%～14%，总糖（以葡萄糖计）≤7g/L，总酸（以柠檬酸计）4.5～4.8g/L。

(3) 微生物指标　沙门菌和金黄色葡萄球菌不得检出。

二十七、枸杞果酒

(一) 工艺流程

鲜枸杞→分选→破碎→榨汁→添加果胶酶、SO_2→调整成分→主发酵→终止发酵→除菌→陈酿→皂土下胶→冷冻过滤→无菌灌装→成品

(二) 操作要点

(1) 酵母的扩大培养　斜面菌种→液体试管培养基（麦芽汁）25℃培养24h→100mL三角瓶（灭菌枸杞汁）25℃培养24h→250mL三角瓶（加二氧化硫的枸杞汁）25℃培养48h→1000mL三角瓶（加二氧化硫的枸杞汁）18℃培养3h→大玻璃瓶（加二氧化硫的枸杞汁）10℃培养4d→备用。

(2) 原料处理　选择夏季第一批采摘的鲜枸杞，此时采摘的枸杞成熟度好，还原糖含量达17%，要求充分自然成熟，没有病虫果、霉烂果、未熟果，适当摊开晾晒2～3d，使水分含量下降为60%～65%，然后破碎打浆榨汁，不但枸杞汁浓度提高，而且含糖为20%左右，并添加二氧化硫60mg/L。加入果胶酶80mg/L并充分混合放置15h。注意摊开晾晒时铺晾层不要太厚，并定时喷二氧化硫防止霉烂。

(3) 调整成分　为了满足发酵的糖度要求，用浓缩苹果汁进行调整，使糖度从20%左右提高到25%，并调整枸杞汁的pH值为3.0～3.3。

(4) 发酵　将扩培好的酵母直接接入调整好的枸杞汁中发酵，接种量为3%，发酵温度为10～11℃，缓慢发酵近1个月。

(5) 终止发酵、低温陈酿　当含糖量为50g/L、酒精度为12%时，立即降温到-1～0℃，进行超滤膜过滤分离，彻底除去酵母。由于残糖的存在，为了提高酒的生物稳定性，要及时补加70mg/L二氧化硫，增强酒液抵抗微生物侵染的能力。4℃保持1个月，使酒充分成熟，再降温为1℃继续陈酿1～2个月，使枸杞酒更加协调。

(6) 皂土下胶　将成熟的酒用70mg/L皂土进行下胶处理。下胶时需取10～12倍50℃左右的热水将皂土搅拌成乳状，静置24h，然后加入到调配好的枸杞酒中并充分搅匀，静置15d后取上清液进行过滤分离。

(7) 冷冻过滤　将澄清处理好的原酒在-4.5℃冷冻5d，并趁冷过滤，使酒液中某些低温不溶物质析出，通过过滤除去，从而提高成品酒的稳定性。

(8) 无菌灌装　先将灌酒机和管道进行蒸汽杀菌，对酒瓶、过滤设备、软木塞等都进行杀菌处理，在无菌条件下灌装封口。

(三) 质量指标

(1) 感官指标　酒的色泽为浅棕红色，外观澄清透明，无悬浮沉淀物；有枸杞清香，酒味醇正，无异味；酸甜适口，酒体丰满醇厚。

(2) 理化指标　酒精度11%～12%，总糖（以葡萄糖计）≤50g/L，总酸（以柠檬酸计）5～6g/L，游离二氧化硫≤40mg/L，干浸出物≥19g/L。

(3) 微生物指标　沙门菌和金黄色葡萄球菌不得检出。

二十八、豆梨发酵果酒

(一) 工艺流程

梨果分选→清洗→打浆→果浆处理（果胶酶）→前发酵（酵母活化）→分离取酒→后发酵→澄清→过滤→成品

(二) 操作要点

(1) 原料选择与预处理　选用成熟度高、色泽好、新鲜饱满的豆梨果实，剔除腐烂、病虫危害果。用刀片切除果把，将果实用清水反复冲洗。将洗净晾干的豆梨投入打浆机加工成果浆，果浆加入1%的D-异抗坏血酸钠护色。调节pH值为4.0，接入250mg/L的复合果胶酶于45℃酶解24h。处理后的果浆液接入果酒专用酵母进入主发酵。

(2) 主发酵　调整果浆含糖量为16%，采取0.03%的接种量接种酵母。酵母于38～40℃、含糖2%和酵母用量10倍以上的糖溶液中复水活化30min。25℃主发酵7d。

(3) 后发酵　将主发酵结束后压榨分离的豆梨原酒，置于15℃下避光后发酵20d。

(4) 澄清、过滤　在酒液中加入质量分数为0.1%明胶，混匀，静置，过滤。取酒样进行检测，各项指标经检测合格后，进行无菌灌装，获得成品。

(三) 质量指标

(1) 感官指标　宝石红色，风味良好，酒香、果香芬芳悦人。

(2) 理化指标　酒精度14%，总酸（以柠檬酸计）5～6g/L，总糖（以葡萄糖计）22～27g/L。

(3) 微生物指标　沙门菌和金黄色葡萄球菌不得检出。

二十九、起泡枸杞果酒

(一) 工艺流程

枸杞干果→浸提→酶解→前发酵→下胶分离→调整成分→装瓶→瓶内发酵→成品

(二) 操作要点

(1) 枸杞干果　选择夏季第一批采摘的鲜枸杞，此时采摘的枸杞成熟度好，还原糖含量达17%，要求充分自然成熟，没有病虫果、霉烂果、未熟果，适当摊开晾晒2～3d，使水分含量下降为60%～65%。

(2) 浸提　浸提条件为复水量600%，在60℃、真空度为0.06MPa的环境中浸提。

(3) 酶解　浸提液中加入1%果胶酶，于37℃条件下保温1h。

(4) 前发酵　采取带皮浸渍发酵的方式，18℃发酵7d。前发酵是将枸杞醪中的可发酵糖分在酵母的作用下将其转化为酒精和二氧化碳，同时浸提出色素物质、芳香物质和枸杞中所富含的营养成分。

(5) 下胶分离　在酒液中添加0.9%的明胶过滤澄清。

(6) 调整成分　补加白糖24g/L，补加1g/L的酒石酸。

(7) 装瓶、瓶内发酵　将酒液无菌灌装后，二次发酵可在抗压瓶内直接进行，与密闭罐发酵法相比，既可省去抗压能力在0.8MPa的抗压发酵设备，又省去了真空低温灌装设备。

(三) 质量指标

(1) 感官指标　浅黄带红、浅琥珀色，澄清透明，有光泽，无明显悬浮物；入杯时，有细微的串珠状气泡升起，并有一定的持续性；具有纯正、优雅、怡悦、和谐的果香、醇香。

(2) 理化指标　酒精度 8.5%，总糖（以葡萄糖计）≤12g/L，滴定酸（以酒石酸计）≥7g/L，干浸出物≥15g/L，二氧化碳（20℃）≥0.3MPa。

(3) 微生物指标　沙门菌和金黄色葡萄球菌不得检出。

三十、野生刺梨果酒

（一）工艺流程

刺梨鲜果→浸渍→压榨→原汁→调整成分→低温发酵→陈酿→澄清→灌装→灭菌→成品

（二）操作要点

(1) 原料破碎、浸渍　采用八九成熟青黄色刺梨果实，用清洁流水洗去表面微生物及泥沙杂物，适当破碎，加 0.1%食盐水或 *S*-腺苷蛋氨酸、30%食用酒精，搅拌后用二氧化碳饱和不锈钢浸渍罐，封闭浸渍。

(2) 压榨、调整成分　加 0.3%果胶酶，加入 150mg/L 山梨酸钾及 120mg/L 二氧化硫，然后真空脱气，20～25℃，真空度 90～93kPa。调整糖含量为 25g/100mL，总酸 6g/L，按总量加 3%～4%食用酒精。

(3) 发酵、陈酿　接入 4%～5%人工酵母，18～22℃密封发酵至残糖含量小于 2%、挥发酸 0.6g/L 为止。陈酿期间 2 次换罐，除去酒脚，并补加一定量的二氧化硫。

(4) 后处理　用脱臭食用酒精将酒度调至 14%～16%，采用明胶 750mg/L、皂土 300mg/L、琼脂 125mg/L 澄清，再用硅藻土在 15～20℃下过滤，瞬时灭菌。灌装前用氮气喷射，排除瓶内空气，即时压盖密封。

（三）质量指标

(1) 感官指标　红色，晶莹透亮，有光泽，酒体澄清，无悬浮物或沉淀；酒香浓郁，酒味醇厚，丰满爽口，酒体协调，回味延绵，有典型刺梨风味。

(2) 理化指标　酒精度 13%～15%，总糖≤4g/L，总酸≤8.2g/L。

(3) 微生物指标　沙门菌和金黄色葡萄球菌不得检出。

三十一、枇杷酒

（一）工艺流程

新鲜枇杷→浸泡清洗→去梗去核→破碎打浆→添加二氧化硫→果胶酶处理→成分调整→接种→主发酵→渣液分离→补加二氧化硫→陈酿→下胶澄清→调配→灌装→杀菌→成品

（二）操作要点

（1）原料选择　一般选取充分成熟的果实作为酿酒的原料，此时糖含量高，产酒率高，滴定酸、挥发酸、单宁含量低，汁液鲜美、清香，风味好。

（2）浸泡清洗　用流动的水清洗，以除去附着在果实上的泥土、杂物以及残留的农药和微生物。因枇杷果实柔软多汁，清洗时应特别注意减小其破碎率。

（3）去梗去核　枇杷的果梗和果核均含有苦味物质，且果核不坚硬，在破碎打浆时容易被破碎而进入果浆，使酒产生不良风味，故应去除。

（4）添加 SO_2 和果胶酶处理　枇杷打浆后应立即添加二氧化硫，但二氧化硫添加过多会抑制酵母的活性，延长主发酵时间，添加过少又达不到抑制杂菌繁殖的目的，二氧化硫的添加量为120mg/L较适宜。枇杷果实富含果胶（6～11g/kg），在添加二氧化硫6～12h后添加果胶酶，以提高枇杷的出汁率和促进酒的澄清。果胶酶的用量为110mg/L。

（5）成分调整　果汁中的糖是酵母菌生长繁殖的碳源。枇杷鲜果含糖量为12.8%，若仅用鲜果浆（汁）发酵则酒精度较低。因此，应适当添加白砂糖以提高发酵酒精度。生产中通常是按每17g/L蔗糖经酵母发酵产生1%酒精添加白砂糖。注意白砂糖要先用少量果汁溶解后再加到发酵液中，并使发酵液混合均匀。为控制发酵温度和有利于酵母尽快起酵，通常在发酵前只加入应加糖量的60%比较适宜，当发酵至糖度下降到8? Bx左右再补加另外40%的白砂糖。

（6）接种、发酵　把葡萄酒酿酒酵母进行扩大培养，制成酒母，接入调整成分后的果汁中，接种量为6%。采用密闭式发酵。在发酵过程中，发酵罐装料不宜过满，以2/3容量为宜。在实际生产中，应注意控制发酵液的温度，并每日检查2次，压皮渣（压盖）1次。发酵温度控制在15～20℃。

（7）渣液分离　当酒盖下沉，液面平静，有明显的酒香，无霉臭和酸味时，可视为前发酵结束。密封发酵罐，待酒液澄清后，分离出上清液，余下的酒渣离心分离。分离出的酒液应立即补加二氧化硫并密封陈酿。

（8）陈酿　经过一段时间发酵所得的新酒，口感和色泽均较差，不宜饮用，需在储酒罐中经过一定时间的存放老熟，酒的质量才能得到进一步的提高。陈酿时间约为6个月。

（9）下胶澄清　陈酿后的酒透明度不够，从生产实际出发采用明胶-单宁法进行澄清效果较好。

（10）调配　对酒精度、糖度和酸度进行调配，使酒味更加醇和爽口。

（11）灌装、杀菌　枇杷酒装瓶后置于70℃的热水中杀菌20min后取出冷却，即得成品。

（三）质量指标

（1）感官指标　色泽呈浅橙黄色，具有枇杷特有的色泽，澄清透明，无肉眼可见的沉淀及悬浮物；香气浓郁，具有枇杷特有的果香；酒体丰满，协调、悦人，具枇杷果酒特有的风格。

（2）理化指标　酒精度11%～13%，总糖（以葡萄糖计）≤4g/L，滴定酸（以柠檬酸计）4～5g/L，挥发酸（以乙酸计）0.5g/L。

（3）微生物指标　沙门菌和金黄色葡萄球菌不得检出。

三十二、甜苹果酒

（一）工艺流程

苹果分选→取汁→加二氧化硫、果胶酶→发酵→补加二氧化硫、酒精→调配→皂土下胶→冷冻过滤→无菌灌装→成品

（二）操作要点

（1）分选　适合酿造高档甜苹果酒的苹果品种应为脆性果实，绵苹果不宜使用。一般而言，中熟品种以新红星苹果为主，生产后期则以富士苹果为主。进厂的苹果要求充分自然成熟，做到有序进厂和加工，避免出现果品累积现象。对病虫果、霉烂果、未熟果应予以剔除，然后再经喷淋洗果机洗果并沥干水分。

（2）取汁　苹果中的水分大多被蛋白质、果胶及微量淀粉等亲水胶体所束缚，能自由分离的果汁很少，因此对破碎的果肉（粒度0.3～0.4cm）需采用加压的手段才能挤出果汁，但果核不能压破，否则会使果汁带有异味。同时将出汁率控制为60%～70%，如果出汁率过高，酿成的半甜苹果酒口感粗糙。

（3）添加二氧化硫、果胶酶　将苹果汁放入发酵池中，及时添加70～90mg/L二氧化硫和40～60mg/L酶（20000活力单位果胶酶粉剂），并充分混匀，静置24h。使用果胶酶要准确称取一定量的粉剂放入容器中，用4～5倍的温水（40～50℃）稀释均匀，放置1～2h，加入到苹果汁中搅匀。

（4）发酵　苹果汁装满罐的90%以后，加入0.03%～0.05%果酒发酵用活性干酵母，其添加方法是往35～42℃的温水中加入10%的活性干酵母，小心混匀，然后静置使之复水活化，每隔10min轻轻搅拌一下，经20～30min酵母已经复水活化后，直接添加到苹果汁中搅拌1h。因在随后进行的发酵过程中会产生热量，导致醪液品温上升，为此需采取降温措施，将发酵结束的苹果原酒进行转池分离，并补加60mg/L二氧化硫和适量的食用酒精，使苹果原酒的酒精含量达到12%（体积分数）左右，以增强酒液抵抗微生物侵染的能力。

（5）调配　苹果原酒经4～5个月的密封储存陈酿后，转池进行糖、酒、酸的调配。使各成分保持适当比例，使酒体协调柔顺。添加的蔗糖应先制成糖浆后使用，即将软化水放入化糖锅中煮沸，一般每100L水可加白糖200kg，并加入所需补加的苹果酸。待溶解的糖浆冷却后，直接加入待配的苹果原酒中。

（6）皂土下胶　配好的甜苹果酒需用40～60mg/L皂土进行下胶处理。下胶时需取10～12倍50℃左右的热水将皂土逐渐加入并搅拌，使之呈乳状，静置12～24h，待膨胀后加入到调配好的甜苹果酒中充分搅匀，静置10～14d后，将上清液进行过滤分离。

（7）冷冻过滤　将下胶处理好的甜苹果酒在4.5～5.5℃的温度条件下保温7d，趁冷过滤，使半甜苹果酒的口感柔和，并使酒液中某些苹果酸盐等低温不溶物质析出，通过过滤除去，从而提高成品甜苹果酒的稳定性。

（8）灌装　灌酒前预先将酒液所通过的管道及灌酒机认真进行蒸汽杀菌，盛酒用玻璃瓶需经瓶子灭菌机处理。酒经纸板过滤机进行封口，就可以不进行对甜苹果酒风味有影响的加热杀菌操作。

（9）包装、成品　商标应贴在适当位置，且粘贴要牢固平整，横平竖直；黏合剂涂抹要均匀，不能有明显黏合痕迹；贴了商标的瓶子要用透明塑料玻璃纸包裹起来，以保护商标不致磨损。

（三）质量指标

（1）感官指标　浅黄带绿，澄清透明，无悬浮沉淀物；醇正、优雅、怡悦、和谐的果香及酒香；酸甜适口，酒体丰满。

（2）理化指标　酒精度12%，总糖（以葡萄糖计）≥50g/L，总酸（以苹果酸计）4.5～5.5g/L，挥发酸（以乙酸计）≤0.6g/L，总二氧化硫≤200mg/L，游离二氧化硫≤30mg/L，浸出物≥15g/L。

（3）微生物指标　沙门菌和金黄色葡萄球菌不得检出。

三十三、茶多酚苹果酒

（一）工艺流程

苹果→打浆→榨汁→分装→抗氧化处理→发酵→过滤→成品

（二）操作要点

（1）原料榨汁　将苹果洗净，切成约1cm×1cm的小方块，用打浆机粉碎、榨汁后备用。

（2）抗氧化处理、发酵　将果汁中加入0.02%的茶多酚，用白糖调整总糖含量为150g/L，在25℃条件下发酵6d。

（3）过滤、成品　发酵完成后加入1%明胶过滤，过滤后静置1个月，然后经无菌过滤膜过滤后，即可进行无菌灌装。

（三）质量指标

（1）感官指标　清亮透明，淡黄或微黄，具有苹果干酒特有的醇香与果香，酒体丰满，无异味。

（2）理化指标 酒精度9%～11%，总糖（以葡萄糖计）≤4g/L，总酸（以柠檬酸计）≤3g/L。

（3）微生物指标 沙门菌和金黄色葡萄球菌不得检出。

三十四、软儿梨白兰地果酒

（一）工艺流程

软儿梨→精选→清洗→冷冻→解冻→榨汁→澄清→成分调整（调酸、调糖）→搅拌均匀→杀菌→发酵→过滤→陈酿→过滤→成品

（二）操作要点

（1）软儿梨的选择 用于酿造白兰地的软儿梨必须进行精心挑选，避免由于软儿梨的不合格而影响白兰地的口味和品质。软儿梨要经过充分的褐变且芳香浓郁。

（2）软儿梨的冷冻处理 将选好并经过清洗的软儿梨放置于冰箱中冷冻约15d，使用时取出，于室温或者冷水中解冻。经过冷冻处理的软儿梨口感更加细腻，风味更佳。

（3）榨汁 由于软儿梨解冻后质地较软，用榨汁机即可达到完全破碎取汁，梨汁经过滤备用。

（4）澄清 梨汁中含有果胶质、果肉等物质，因此浑浊不清，应尽量减少杂质含量，以避免杂质发酵给成品酒带来异杂味。澄清的方法有很多种，如SO_2低温静置澄清法、果胶酶澄清法和高速离心分离澄清法等，果胶酶澄清法简便易行，而且澄清效果较好，故试验采用果胶酶澄清法。果胶酶澄清法添加量为1%，静置2h。

（5）菌种活化 活性干酵母与白砂糖的比例为1∶1，以10倍含蔗糖量5%的温开水在35～38℃下活化30min。

（6）杀菌 采用高温杀菌的方法，即在90℃条件下加热15min。这样不仅可以杀灭杂菌，还可以钝化氧化酶，为发酵做准备。

（7）成分调整 优质白兰地发酵时的糖含量约为20%，总酸含量为≤0.6g/L。糖的含量直接影响发酵后成品的酒精度，所以需用白砂糖调整其糖度为20%；用柠檬酸和蒸馏水调整其酸度，目的是使发酵液更能适合酵母菌的活性，酿造出高品质的软儿梨白兰地酒。

（8）发酵 在酵母接种量为2%，发酵温度18℃条件下发酵7d。

（9）过滤、陈酿 发酵完成后，酒液经1%的明胶过滤，在10℃条件下陈酿30d。

(10) 成品　陈酿完成后的酒液经过滤后，即可进行无菌灌装。

(三) 质量指标

(1) 感官指标　浅黄至金黄色，澄清透明，无悬浮物，有光泽；具新鲜悦人果香及怡雅酒香；清香爽口，纯正和谐、舒怡，酒体丰满，余味充足。

(2) 理化指标　酒精含量12%～14%，糖含量≤10g/L，总酸含量（以柠檬酸计）3.5～4g/L，干浸出物含量≥12g/L。

(3) 微生物指标　沙门菌和金黄色葡萄球菌不得检出。

三十五、金秋梨果酒

(一) 工艺流程

原料→分选→去皮破碎→榨汁→调整成分→前发酵→后发酵→过滤→陈酿→澄清→灭菌→灌装→成品

(二) 操作要点

(1) 选果　制作干型金秋梨酒宜选择九成熟鲜果，此时单宁含量低，榨汁过程中不易产生褐变；去皮、去心。

(2) 破碎、酶解　金秋梨果实经破碎机破碎，加入30mg/L果胶酶，酶解温度34～35℃，时间2h。

(3) 添加二氧化硫　采用市售浓度为6%的亚硫酸试剂，使用量在50～80mg/L。

(4) 糖的补充　有效糖浓度低于临界浓度值（4mg/L）时乙醇产生速率将变慢，酵母生长受到抑制，一般按17g/L糖可产生1g酒精计算，添加白糖使成品酒的酒精度达到10%～13%。

(5) 发酵　取1g活性干酵母置于100mL锥形瓶中，加入20mL浓度为50%的葡萄糖溶液于35℃活化25min，活化后取4mL于1L原果汁中18℃中发酵。原果汁加入200mg/L的酵母，在30℃活化4h，18℃发酵。

(6) 澄清　硅藻土澄清为最佳澄清技术，加入量为0.16%。

(7) 成品　澄清后的酒液立即进行无菌灌装。

(三) 质量指标

(1) 感官指标　浅米黄色，澄清透明，无悬浮物，具有清新、幽雅、纯正、协调的酒香和果香，清新爽口，酒体爽怡醇厚，余味悠长，具有梨酒的典型风格。

(2) 理化指标　酒精度10%～13%，总糖（以葡萄糖计）≤4g/L，总酸（以苹果酸计）5～7g/L，挥发酸（以乙酸计）≤1.1g/L，总二氧化硫≤

250mg/L。

（3）微生物指标　沙门菌和金黄色葡萄球菌不得检出。

三十六、苹果白兰地酒

（一）工艺流程

果实的清洗→破碎与榨汁→成分调整→前发酵→后发酵→蒸馏→陈酿→成品

（二）操作要点

（1）果实清洗、分选　选取22.5kg新鲜、充分成熟、无霉烂的苹果洗净，等待榨汁。

（2）破碎、榨汁　将苹果切开去梗、去核后破碎成约2cm的小块，采用喷淋添加方式，一边破碎一边向已破碎好的物料中喷洒护色剂柠檬酸，再用榨汁机榨汁。所选苹果出汁率73.6%。

（3）成分调整　用360g纯度为98%～99.5%的结晶白砂糖来调整苹果汁的糖分。加入67.95g柠檬酸调节苹果酒发酵醪的pH为3.3～3.7。当果汁酸度过低时，需加苹果酸；果汁酸度过高时，以碳酸钙作为降酸剂。

（4）酵母活化　干酵母量3g，复水用水量是干酵母重量的5～10倍，温度38℃，时间15～30min。每100L发酵醪中添加20g干酵母可使1mL果汁中含有10^6个活性干酵母。

（5）前发酵　在18℃条件下发酵7d。

（6）后发酵　前发酵结束后，利用虹吸法进行倒酒，在20℃发酵3d。

（7）蒸馏　蒸馏需用文火，采用间歇式2次蒸馏。第1次馏出液的平均酒度为25%～30%，取原料酒的1/3，前期需截取少量酒头，后期需截取酒尾；第2次可按纯酒精计算来截取酒头，为总酒分的0.5%～1.5%，并可按温度截取酒尾。

（8）陈酿　采用瞬间升温处理。取原白兰地酒液1000mL，置入密闭瓶内加热至40℃保温1d，并在储存时通入适量空气，进行人工快速陈酿。然后加入150g橡木片（先用水处理橡木片，以除去其中的水溶性单宁）陈酿20d，得最终产品苹果白兰地。

（9）成品　将得到的苹果白兰地进行无菌灌装。

（三）质量指标

（1）感官指标　金黄色，澄清透明，有光泽，无沉淀，无明显悬浮物；果香突出，酯香柔和，清香幽雅，具有自然感；醇厚协调，细腻丰满，微苦、爽口，余香绵延。

（2）理化指标　酒精度50%～52%，总酸（以乙酸计）≤0.43g/L，总酯

（以乙酸乙酯计）≥1g/L，固形物≥0.05g/100mL。

（3）微生物指标　沙门菌和金黄色葡萄球菌不得检出。

第二节 核果类果酒

一、青梅果酒

（一）工艺流程

原料采集→预处理→洗净→破碎、去核、打浆（果胶酶）→成分调整（白砂糖，碳酸钙）→杀菌→主发酵→后发酵→调配→成品

（二）操作要点

（1）原料选择　选取九成熟的果实清洗干净，沥干水分。

（2）破碎打浆　将清洗沥干后的青梅果实破碎去核，按1∶2（青梅和水的质量比）注入净化水打浆，加入0.5%果胶酶和30mg/L二氧化硫（以偏重亚硫酸钠计算其用量），于45℃水浴保温3h。

（3）成分调整　青梅是低糖、高酸类果实，应添加白砂糖和碳酸钙对其糖度和酸度进行调整。将青梅果浆的糖度调节到18%左右，pH值调到3.5。pH3.5对酵母的繁殖有利，对其他杂菌起抑制作用。

（4）主发酵　发酵容器装液量70%，酵母菌的接种量为5%，将酒母接入发酵醪中，封口，于28℃的恒温进行静止发酵，每天测定含糖量、pH值，以保证发酵正常进行。经过7d，主发酵结束。

（5）后发酵　将主发酵结束后的酒体和酒渣迅速分离，在22℃条件下进行后发酵，约15d。期间，用同类酒添满容器，装满度为95%，严密封口，保持发酵罐内无空隙，尽量缩小原酒与空气接触面，避免杂菌侵入使发酵液败坏。

（6）调配　根据不同的口感、风味需要，对糖度和酸度进行调配，糖度一般用白砂糖调整，酸度可用碳酸钙调整。调整后的酒体用膜过滤机过滤。

（7）储藏　空瓶消毒，青梅酒精滤后灌装，密封，置于65～70℃热水中杀菌20min，取出冷却，即得成品；成品酒应置于10℃左右低温条件下保存。

（三）质量指标

（1）感官指标　浅黄色，具有青梅的自然色泽；清新浓郁的青梅果实天然香气；味偏酸、爽口；清爽透明、色泽明亮。

（2）理化指标　酒精度10.8%，总糖（以葡萄糖计）≤4g/L，总酸（以柠檬酸计）≤9g/L。

（3）微生物指标　沙门菌和金黄色葡萄球菌不得检出。

二、樱桃果酒

（一）工艺流程

鲜果→分选→破碎、除梗→果浆→分离取汁→澄清→清汁→发酵→倒桶→储酒→过滤→冷处理→调配→成品

（二）操作要点

（1）鲜果　选择新鲜成熟的樱桃水果。

（2）破碎、除梗　破碎要求每颗樱桃破裂，但不能将种子和果梗破碎，否则种子内的油脂、糖苷类物质及果梗内的一些物质会增加酒的苦味。破碎后立即将果浆与果梗分离，防止果梗中的青草味和苦涩物质溶出。破碎机有双辊压破机、鼓形刮板式破碎机、离心式破碎机、锤片式破碎机等。

（3）渣汁的分离　破碎后不加压自行流出的樱桃果汁叫自流汁，加压后流出的汁液叫压榨汁。自流汁质量好，宜单独发酵酿制优质樱桃果酒。进行 2 次压榨，第 1 次逐渐加压，尽可能压出果肉中的汁，汁液质量稍差，应分别酿造，也可与自流汁合并。将残渣疏松，加水或不加，做第 2 次压榨，压榨汁杂味重，质量低，宜作蒸馏酒或其他用途。设备一般为连续螺旋压榨机。

（4）果汁的澄清　压榨汁中的一些不溶性物质在发酵中会产生不良效果，给樱桃果酒带来杂味，用澄清汁制取的樱桃果酒胶体稳定性高，对氧的作用不敏感，酒色淡，铁含量低，芳香稳定，酒质爽口。

（5）SO_2 处理　SO_2 有杀菌、澄清、抗氧化、增酸、促进色素和单宁物质溶解、还原等作用。使用二氧化硫有气体二氧化硫及亚硫酸盐，前者可用管道直接通入，后者则需溶于水后加入。发酵基质中 SO_2 含量一般为 60～100mg/L。添加 SO_2 的量还需考虑原料含糖量、含酸量、原料卫生状况等。一般含糖量越高，SO_2 添加量越大；含酸量越高，活性 SO_2 含量高，用量略减；有微生物活动，SO_2 用量增加；霉变原料，SO_2 用量增加。

（6）果汁的调整　酿造酒精含量为 10%～12% 的酒，樱桃果汁的糖度为 17～20°BX。如果糖度达不到要求则需加糖，实际加工中常用蔗糖或浓缩汁。

酸可抑制细菌繁殖，使发酵顺利进行，使樱桃果酒颜色鲜明、口味清爽，保持一定含量的芳香酯，增加酒香；抑制微生物活动，增加稳定性。

（7）酒精发酵　发酵分主发酵和后发酵，主发酵时，将樱桃果汁倒入容器内，装入量为容器容积的 4/5，然后加入 3%～5% 的酵母，搅拌均匀，温度控制在 20～28℃，发酵时间随酵母的活性和发酵温度而变化，一般为 3～12d。残糖量降为 0.4% 以下时主发酵结束。然后进行后发酵，即将酒容器密闭并移至酒

窖，在12～28℃下放置1个月左右。发酵结束后要进行澄清，澄清的方法和果汁相同。

（8）成品调配　樱桃果酒的调配主要有勾兑和调整。勾兑即原酒的选择与适当比例的混合，调整即根据产品质量标准对酒的某些成分进行调整。勾兑，一般先选一种质量接近标准的原酒作基础原酒，据其缺点选一种或几种另外的酒作勾兑酒，加入一定的比例后进行感官和化学分析，从而确定比例。调整，主要有酒精含量、糖、酸等指标。酒精含量的调整最好用同品种酒精含量高的酒进行调配，也可加蒸馏酒或酒精；甜酒若含糖不足，用同品种的浓缩汁效果最好，也可用砂糖，视产品的质量而定；酸度不足可用柠檬酸。

（9）过滤、杀菌、装瓶　过滤有硅藻土过滤、薄板过滤、微孔薄膜过滤等。樱桃果酒常用玻璃瓶包装。装瓶时，空瓶用2%～4%的碱液在50℃以上温度浸泡后，清洗干净，沥干水后杀菌。樱桃果酒可先经巴氏杀菌再进行热装瓶或冷装瓶，含酒精低的樱桃果酒，装瓶后还应进行杀菌。

（三）质量指标

（1）感官指标　琥珀色至淡红色，清亮半透明至透明状，酸甜爽口、醇厚浓郁；具有樱桃酒独特的果香与酒香；不得有肉眼可见杂质，允许有少量果肉沉淀。

（2）理化指标　酒精度10%～12%，酸度（以柠檬酸计）3～4.5g/L，总糖（以葡萄糖计）≤5g/L，挥发酸（以乙酸计）≤0.7g/L。

（3）微生物指标　沙门菌和金黄色葡萄球菌不得检出。

三、欧李果酒

（一）工艺流程

原料→清洗→去核、打浆→酶解、过滤→调整→发酵→澄清→陈酿→过滤→调配→杀菌→成品

（二）操作要点

（1）原料挑选、清洗　要求挑选的原料无霉烂、破碎现象，果实成熟度在8～9成熟，无病虫害，使用清水冲洗干净。

（2）去核、打浆　采用人工去核的方式，先将欧李的核用小刀去掉，然后用欧李果肉与水的质量比为1∶1进行打浆。

（3）酶解、过滤　将打浆完后的欧李果浆加入0.04%的果胶酶，在温度为50℃的条件下酶解1h，酶解完后过滤，以减少果渣的成分，使果汁澄清。

（4）调整　过滤后的果汁首先在100℃条件下加热3min，然后冷却至常温条件下，将果汁中的糖度使用蔗糖调为12%～20%。为抑制杂菌的生长，向滤

液中加入 50mg/L 的 SO_2，24h 后进行酵母接种发酵。

（5）发酵　按一定量称取活性干酵母，用1.5%的蔗糖溶液在温度为30℃条件下活化 1h，每隔 10min 轻轻搅拌 1 次。发酵温度控制在 22～28℃、pH 在 3.5～4.5 条件下发酵，定期观察测定发酵液中的总糖度、酸度以及酒精度。当酒精度达到12%时，发酵完成。

（6）澄清　发酵结束后，将发酵液过滤即得澄清透明的酒液。

（7）陈酿　将澄清后的酒液放入储罐中，陈酿温度为15℃左右，陈酿时间为 2 个月。

（8）过滤　陈酿结束后，为去掉酒中的杂质，加入 2%的硅藻土澄清剂进行过滤，主要目的是为了保证果酒成品的稳定性。

（9）调配　为了使果酒最终产品的风味更佳，达到特定的质量指标，还需要对澄清后的酒液进行调配，加入适量的白砂糖、柠檬酸以及酒石酸，使果酒的酒精度约为 10%、含糖约为 4%、总酸度为 0.2%。

（10）杀菌、灌装　为延长果酒的保质期，需杀灭酒中的微生物，以确保成品的品质稳定性，在 70℃条件下保持 30min 即可，然后冷却至室温进行灌装即为成品。

（三）质量指标

（1）感官指标　玫瑰红，澄清透明，无悬浮沉淀物；具有浓郁的酒香，香气自然、无异味；酸甜适口，口感柔和协调，酒体丰满。

（2）理化指标　酒精度 8%～11%，总糖（以葡萄糖计）≤3g/L，总酸（以柠檬酸计）2～3g/L，游离二氧化硫≤50mg/L。

（3）微生物指标　沙门菌和金黄色葡萄球菌不得检出。

四、发酵型蜂蜜梅酒

（一）工艺流程

青梅鲜果→清洗→破碎→蜂蜜→酶解→果汁澄清→控温发酵→脱苦、脱涩→净化处理→陈酿→冷冻过滤→除菌灌装→成品

（二）操作要点

（1）原料的筛选　青梅鲜果要求八成熟以上，除杂，且无烂果、病虫果。

（2）清洗破碎　将准备破碎的青梅鲜果进行清洗分选。清洗后的青梅鲜果，用打浆机进行破碎，并补加二氧化硫至 50mg/L。

（3）复合酶解浸渍　将青梅果肉（汁）通过螺杆泵输送至浸渍罐中，加入 80mg/L 的二氧化硫和活化好的果胶酶 40～50mg/L 及角蛋白酶 32～38mg/L，循环搅拌均匀，浸提时间为 5～8h，浸渍温度控制在 10～15℃，降温至 8～10℃

浸渍 7h。

(4) 控温发酵　将蜂蜜梅酒专用酵母活化好后按 0.4～0.6g/L 缓慢加入到发酵罐中，并视需要加入营养剂，然后循环搅拌均匀。主发酵期间，发酵温度必须控制不超过 15℃，经 96h 后再转罐分离，准确检测果汁的糖度和酒精度，根据化验数据，按 18g/L 糖分转化 1%酒精补加白花蜂蜜（白花蜂蜜的加入量按青梅和蜂蜜质量比为 5∶1 计算），使最终发酵酒的酒精度在 12.5%。发酵时间为 25～35d。发酵过程中，每天检测理化指标，并检查外观及温度变化，做好发酵曲线的原始记录，如发现异常情况，立即采取措施加以解决。

(5) 脱苦、脱涩及护色　将发酵液利用聚合物吸附剂进行脱苦；利用 2%交联聚乙烯吡咯烷酮进行脱涩，有效脱去果汁中的涩味和悬浮颗粒；采用 0.3%抗坏血酸和 0.2%柠檬酸对果汁进行护色，减少氧化。

(6) 净化处理　为促使酒快速澄清，分别加入皂土溶液 350mg/L。下胶后，静置 7～9d，待酒脚完全沉淀后，分离酒脚并用板框过滤机过滤，得到澄清的酒液。

(7) 陈酿　澄清完成后，在 19～20℃下进行陈酿 3 个月，温度小于 22℃。

(8) 冷冻过滤　净化处理后的酒转到冷冻罐中，降温到冰点以上 0.5～0.8℃，前 3d 每天搅拌 1 次，达到冷冻温度后保持 8d 以上。冷冻后的酒用板框过滤机过滤，过滤必须在同温下进行。

(9) 除菌灌装　将精滤过的蜂蜜梅酒抽入干净的配料罐内，开动酒泵循环，使用冷热薄板换热器进行瞬时杀菌，杀菌温度控制在 105～110℃，时间大于 10s，杀菌后酒温应低于 30℃。将除菌过滤后的蜂蜜梅酒分装于玻璃瓶中即为成品。

（三）质量指标

(1) 感官指标　澄清，无明显悬浮物和沉淀物，呈浅黄褐色，果香浓郁，蜜香柔和，具有舒畅和优雅怡悦的酒香，醇香柔润、酸甜适口、余味悠长，酒体丰满协调，具有独特的蜂蜜梅酒风格，典型性突出。

(2) 理化指标　酒精度≥11%，总酸（以酒石酸计）≥3g/L，干浸出物≥14g/L，挥发酸（以乙酸计）≤1.2g/L。

(3) 微生物指标　大肠杆菌菌群<3 个/100mL，细菌总数≤10 个/100mL，肠道致病菌（沙门菌、志贺菌、金黄色葡萄球菌）不得检出。

五、野生牛奶子果酒

（一）工艺流程

原料选择→清洗、除梗→破碎→牛奶子果浆→发酵→压榨过滤→澄清→冷处

理（5℃）→杀菌→装罐→成品

（二）操作要点

（1）原料的筛选　牛奶子鲜果要求八成熟以上，除杂，且无烂果、病虫果。

（2）清洗破碎　将准备破碎的牛奶子鲜果进行清洗分选。清洗后的牛奶子鲜果用打浆机进行破碎，并补加二氧化硫至 50mg/L。

（3）酶解　将牛奶子果肉（汁）通过螺杆泵输送至浸渍罐中，加入 65mg/L 的二氧化硫和活化好的果胶酶 30～40mg/L，循环搅拌均匀，浸提时间为 5～6h，浸渍温度控制在 10～15℃，降温至 8～10℃浸渍 5h。

（4）发酵　将果酒专用酵母活化好后按 0.3～0.5g/L 缓慢加入到发酵罐中，并视需要加入营养剂，然后循环搅拌均匀。主发酵期间，发酵温度必须控制不超过 15℃，经 96h 后再转罐分离，准确检测果汁的糖度和酒精度，根据化验数据，按 18g/L 糖分转化 1%酒精补加蔗糖，使最终发酵酒的酒精度在 12%。发酵时间为 25～30d，发酵结束后进行陈酿，陈酿时间 3 个月左右，温度小于 22℃。发酵过程中，每天检测理化指标，并检查外观及温度变化，做好发酵曲线的原始记录，如发现异常情况，立即采取措施加以解决。

（5）脱苦、脱涩及护色　将发酵液利用聚合物吸附剂进行脱苦；利用 2%交联聚乙烯吡咯烷酮进行脱涩，有效脱去了果汁中的涩味和悬浮颗粒；采用 0.2%抗坏血酸和 0.1%柠檬酸对果汁进行护色，减少氧化。

（6）净化处理　为促使酒快速澄清，分别加入皂土溶液 300mg/L。下胶后，静置 6～7d，待酒脚完全沉淀后，分离酒脚并用板框过滤机过滤，得到澄清的酒液。

（7）陈酿　澄清完成后，在 19～20℃下进行陈酿 3 个月。

（8）冷冻过滤　净化处理后的酒转到冷冻罐中，降温到冰点以上 0.5～0.8℃，前 3d 每天搅拌 1 次，达到冷冻温度后保持 5d 以上。冷冻后的酒用板框过滤机过滤，过滤必须在同温下进行。

（9）除菌灌装　将精滤过的果酒抽入干净的配料罐内，开动酒泵循环，使用冷热薄板换热器进行瞬时杀菌，杀菌温度控制在 105～110℃，时间大于 10s，杀菌后酒温应低于 30℃。将除菌过滤后的果酒分装于玻璃瓶中。

（三）质量指标

（1）感官指标　澄清透亮，无明显悬浮物，有光泽，淡黄色；醇厚浓郁，具有牛奶子果酒独特的果香与酒香；酒体丰满，酸甜适口；典型完美，风格独特。

（2）理化指标　总糖（以葡萄糖计）19.7g/L，滴定酸（以酒石酸计）11.6g/L，酒精度 11%。

（3）微生物指标　沙门氏菌和金黄色葡萄球菌不得检出。

六、杏子果酒

（一）工艺流程

新鲜小白杏预处理→添加二氧化硫→榨汁→果胶酶处理→成分调整→活化酵母菌→接种酵母菌→主发酵→下胶→澄清过滤→装瓶→成品果酒

（二）操作要点

（1）原料的预处理　选用成熟度较高（可溶性固形物＞200°Bx）、果肉呈黄色、风味正常的新鲜小白杏。修除伤疤、虫蛀等不合格的部分，并用清水洗涤干净，沥干，切半除果核后打浆，加入偏重亚硫酸钾，使二氧化硫浓度达到20～30mg/L，以防止小白杏在加工过程中褐变。添加适量的二氧化硫可抑制其他杂菌的生长，具有澄清、抗氧化的作用，还可以防止褐变的发生，能够保持原果的香味和酒色。

（2）添加果胶酶　向小白杏汁中添加果胶酶可以分解果肉组织中的果胶物质，达到提高出汁率和增强澄清效果。同时向酶解后的小白杏果汁中补加偏重亚硫酸钾，使游离二氧化硫浓度达到40mg/L。

（3）成分调整　用白砂糖调整小白杏汁的糖度，根据化验数据，按18g/L糖分转化1%酒精补加蔗糖，使最终发酵酒的酒精度在13%。用柠檬酸、碳酸钙和碳酸氢钾调整小白杏汁酸度至适宜酵母菌生长的范围。

（4）酵母菌的活化　在5%的葡萄糖溶液中加入酿酒活性干酵母，混合均匀，置于30℃的水浴温度活化30min，或在室温下活化40～60min，即可作为酒母使用。

（5）主发酵　成分调整后的小白杏汁接种酵母菌，然后放置在恒温培养箱中发酵，定期搅拌，每12h测定酒精度及残糖，当残糖小于5g/L，或者酒精度大于12%时，即主发酵结束。

（6）澄清过滤　发酵结束后的小白杏原酒透明度不够，可采用自然澄清或加入3%壳聚糖、3%皂土等澄清剂的方法对小白杏果酒进行澄清处理。

（7）成品　将澄清处理过的果酒进行无菌灌装。

（三）质量指标

（1）感官指标　浅黄色，清澈透亮且泛有光泽，悦目协调；浓郁的小白杏果香、醇香且香味协调；口感柔和纯正、醇厚协调；回味延绵；风格典型且独特，酒体优雅，无沉淀物。

（2）理化指标　酒精度13%，总糖含量（以葡萄糖计）20g/L，总酸（以酒石酸计）含量8g/L。

（3）微生物指标　沙门菌和金黄色葡萄球菌不得检出。

七、黄桃果酒

（一）工艺流程

黄桃→选果→清洗→破碎、打浆→酶解→成分调整→发酵→除酒脚→下胶→澄清过滤→陈酿→调配→除菌、冷冻、过滤→灌装→成品

（二）操作要点

（1）选果　果实要求完全成熟、新鲜、洁净，无霉烂果、病果，糖酸度符合糖含量≥50g/L，酸含量≤15g/L，选出合格果实酿造果酒。

（2）破碎、打浆　果实清洗后经输送带送入破碎机内，通过调节破碎机转速与破果齿的长短控制进果速度，保证每个果实充分破碎。

（3）酶解　果浆中加入1%果胶酶和0.5%焦亚硫酸钾并混匀，然后于常温下静置酶解24h。

（4）成分调整　将白砂糖用果浆充分溶解后与果浆混匀，使果浆糖含量达到180g/L。

（5）发酵　将1g酵母溶于2L50%果汁中（30～40℃），活化30～40min后，立即加入发酵液（发酵液为成分调整后的果浆），混合均匀，开始发酵，控制发酵温度20～25℃。

（6）除酒脚　发酵后利用板框压滤机分离酒脚，原酒满罐储存，未满罐用CO_2充满。

（7）下胶　按工艺要求加入5%下胶剂PVPP后，再与原酒充分混合均匀。

（8）澄清过滤　下胶15d左右开始分离，利用硅藻土过滤机进行果酒的过滤。

（9）陈酿　25℃以下温度条件，陈酿6～12个月。期间定期进行理化指标的检测，主要包括游离SO_2、总SO_2、挥发酸。

（10）冷冻、过滤　采用冻酒罐快速冷冻，冷冻温度为酒冰点以上0.5～1℃，保温7d，趁冷过滤，要求酒体清澈。

（11）成品　过滤后的酒液立即进行无菌灌装即为成品。

（三）质量指标

（1）感官指标　果酒呈淡黄色，具有和谐的酒香和果香味，清香纯正，无异味。

（2）理化指标　酒精含量11%，总糖含量（以葡萄糖计）≤4g/L，总酸含量（以酒石酸计）5～8g/L。

（3）微生物指标　沙门菌和金黄色葡萄球菌不得检出。

八、山茱萸果酒

（一）工艺流程

山茱萸干果肉→浸提→打浆→成分调整→前发酵→倒罐→后发酵→分离→陈酿→澄清→无机陶瓷膜过滤→装瓶→成品

（二）操作要点

（1）原料选择　剔除山茱萸干果肉中的果核、果梗，以防打浆时将其打碎，给酒中带来不良的苦涩味。

（2）打浆　将浸泡后的山茱萸和10倍量的水用打浆机打成山茱萸果浆，在打浆前加入30～50mg/L的二氧化硫（以亚硫酸的形式添加），既能抑制多酚氧化酶参与的褐变反应，又能抑制有害微生物的污染。

（3）成分调整　打浆后的山茱萸果浆含糖量少，潜在的酒精度低，仅3%左右，要使发酵能够达到预定的酒精度，就必须进行糖分调整，同时控制pH值在3.0～4.0之间，以满足酵母最佳的发酵条件。山茱萸浸泡液的潜在酒度较低，需要添加的蔗糖量按18g/L糖分转化1%酒精补加蔗糖，使最终发酵酒的酒精度在10%。

（4）前发酵　采用安琪葡萄酒高活性干酵母进行连渣发酵。干酵母经4%糖水38℃活化半小时后接种到山茱萸果浆中。发酵前期，进行有氧发酵，待产生大量的CO_2后进行密闭发酵。发酵过程中，应注意酸的变化，及时调整，防止酵母发生畸变。

（5）后发酵　当发酵酒液的可溶性固形物不再变化，还原糖含量降为2g/100g时，及时进行倒罐处理，将山茱萸渣和酒液分离。后发酵是一个漫长的过程，可使酒变得更加柔和，需补加少量的SO_2，防止后发酵过程中杂菌污染。

（6）澄清除菌　采用无机陶瓷膜技术对山茱萸发酵酒进行微滤处理，温度控制在18～20℃。以达到澄清杀菌的作用。

（7）成品　澄清除菌后的酒液立即进行无菌灌装即为成品。

（三）质量指标

（1）感官指标　红褐色，清亮透明，无明显悬浮物，无沉淀；具有山茱萸果实特有的香味和浓郁的山茱萸酒香；酸甜适宜，醇和浓郁，稍带有苦涩的后味。

（2）理化指标　酒精度10%，总酸0.99%，还原糖0.47%，可溶性固形物5°Brix。

（3）微生物指标　细菌总数≤50个/100mL，大肠杆菌≤3个/100mL，致病菌不得检出。

九、风味杨桃果酒

（一）工艺流程

（1）杨桃原酒工艺流程　鲜杨桃→洗净粉碎→果胶酶处理→调配→主发酵→过滤→澄清→二次过滤→发酵原酒

（2）杨桃果露酒制备工艺流程　鲜杨桃→清洗→加水榨汁→果胶酶处理→基酒浸泡→过滤→澄清→再过滤→果露酒原酒

（3）杨桃果酒调配工艺　发酵原酒→果露酒原酒调酒度→调酸度及糖度→除菌→密封→陈酿

（二）操作要点

（1）原料挑选与处理　新鲜香蜜杨桃切块，按质量比 1∶1 加水后，在榨汁机中粉碎均匀。按果胶酶产品适用范围要求，按 0.3g/kg 添加果胶酶，控制温度为 45℃，pH3.5，酶解 1h，然后升温至 90℃灭酶 5min。

（2）发酵果酒工艺　根据酵母产品（安琪葡萄酒高活性干酵母）的推荐使用方法，采用酵母用量 0.2%、起始糖度 15%、温度 32℃和 pH4.0 的条件下，发酵 7d。

（3）发酵后澄清工艺　发酵后以明胶为澄清剂，对发酵果酒进行澄清。取 1 份明胶，加入 5 倍质量冷水浸泡 30min，再加入 5 倍质量 95℃热水，搅拌配制成浓度约为 10%的明胶溶液。使用时，在快速搅拌条件下，以线状慢慢流入发酵原酒中。

（4）果露酒生产工艺　杨桃鲜果处理及果胶酶解条件与发酵酒相同。浸泡时按体积比杨桃∶白酒为 1∶2 加入白酒，混匀，浸泡 6d 以上。

（5）调配　按前述方法制备的发酵酒在发酵过程中会产生大量的酸，加入酒石酸钠调节酸度至 1.2g/L（以乙酸计）左右；原酒精度约为 7%，加入果露酒调至 13.0%左右，原酒残糖约 3.8g/L，加入蔗糖调至 11.6g/L。

（6）成品　调配完成后的酒液立即进行无菌灌装即为成品。

（三）质量指标

（1）感官指标　色泽清亮透明，无悬浮物，无沉淀，具有杨桃的自然色泽；具有杨桃的自然香气，酒香纯正；滋味酸甜适当，酒香醇厚，口味柔和清爽，无外来杂质。

（2）理化指标　酒精度 13%，酸度（以乙酸计）1.2g/L，总糖（以葡萄糖计）11.6g/L。

（3）微生物指标　菌落总数≤30cfu/mL，大肠杆菌群≤3MPN/100mL。

十、酥李果酒

（一）工艺流程

鲜果→分选→破碎打浆→酶解浸渍→发酵→净化处理→调配→冷冻过滤→除菌灌装→陈酿→检测→成品

（二）操作要点

（1）原料筛选　酥李要求七八成熟以上，用于生产的酥李必须无烂果、病虫果。

（2）破碎打浆　将酥李鲜果分选，并用加入亚硫酸的高压清水进行冲洗，加入二氧化硫后，用打浆机进行破碎。

（3）酶解浸渍　将酥李果肉倒入小型控温浸渍罐中，加入活化好的果胶酶，循环搅拌均匀，浸渍时间在8～12h，同时开启冷却水将果汁降温至10～15℃。

（4）发酵　将0.8～1.2g/L活性干酵母活化好后缓慢加入到发酵罐中，并循环搅拌均匀。发酵温度控制在20～30℃，4～8d后转罐分离，准确检测果汁的糖度和酒精度。

（5）净化处理　采用壳聚糖（150mg/L）与皂土（350mg/L）相结合的方法澄清。加入后充分搅拌均匀，2d时再搅拌1次，使其充分和酒液接触。下胶后，静置7～10d，待酒脚完全沉淀后，分离酒脚并用板框过滤机进行过滤，以得到澄清的酒液。

（6）调配　根据口感用蔗糖、柠檬酸调整糖酸比，使口感达到酸甜可口、果香浓郁、酒体饱满的效果。

（7）冷冻过滤　调配合格后的酒转到冷冻罐中，降温到0.5～1.0℃，前3d每天搅拌1次，达到冷冻温度后保持7d以上。冷冻后的酒在0.5～1.0℃温度下用板框过滤机过滤。

（8）除菌灌装　将精滤酥李果酒抽入洁净的配料罐内，开动酒泵循环，用冷热薄板换热器在温度95～110℃下灭菌15～20s。将酒温降至25℃下并分装于玻璃瓶中。

（三）质量指标

（1）感官指标　外观呈金黄色清晰透明，无沉淀，具有酥李的自然色泽；具有酥李的自然香气，酒香纯正；酒体丰满，醇厚协调，舒服爽口，风格独特，优雅无缺。

（2）理化指标　酒精7%～18%，总糖（以葡萄糖计）12～15g/L，滴定酸（以酒石酸计）4～9g/L，挥发酸（以乙酸计）≤1.5g/L，二氧化硫残留量≤0.05g/L。

（3）微生物指标　菌落总数≤10cfu/mL，致病菌（沙门菌、志贺菌、金黄色葡萄球菌）不得检出，大肠菌群数≤3MPN/100mL。

十一、干白杨梅酒

（一）工艺流程

新鲜杨梅→分选→破碎（取汁）→添加果胶酶→糖分调整→巴氏杀菌→添加SO_2→接种→发酵→发酵终止→澄清→杨梅酒原酒

（二）操作要点

（1）破碎　选择新鲜的杨梅，无霉变、无破损、无生青及病虫害，设2个组，每组称取杨梅500g，并分别将新鲜的杨梅去核，用打浆机破碎成浆，其中2号组带肉果浆用200目的四层纱布进行过滤得到的澄清杨梅果汁。

（2）添加果胶酶　取破碎后的杨梅带肉果浆及果汁分别于大烧杯内，按100mg/kg在两组样品中分别加入46mg和43mg果胶酶，搅拌均匀，在38℃条件下不断搅拌放置2h，以便果浆中的果胶物质充分分解。

（3）糖分调整　用菲林试剂法测定原带肉果浆及果汁中的含糖量，在带肉果浆和果汁中分别加入白砂糖，至带肉果浆或果汁最终的含糖量为22%。

（4）巴氏杀菌　将调整好的带肉果浆或果汁在温度75℃下保持时间为15min，钝化果胶酶的活性，并且杀死其中的杂菌。

（5）添加SO_2　在带肉果浆或果汁中加入SO_2，按50mg/L添加，一般用偏重亚硫酸钾，其SO_2理论含量为57%，但实际操作中，其计算用量为50%，即1g偏亚硫酸钾含0.5g二氧化硫。

（6）接种　发酵工艺采用安琪牌葡萄酒活性干酵母，活性干酵母用量为200mg/L。先将干酵母进行活化，用酵母20倍的含糖5%温水活化，维持34℃，时间1h。当果浆或果汁温度降至室温时，将活化的酵母加入其中，并搅拌均匀，以便酵母菌的生长繁殖，发酵产酒精。

（7）发酵　将接好种的带肉果浆或果汁放入发酵培养箱，温度控制在27℃进行发酵，发酵时间为5～7d，每天测定发酵汁的含糖量，记录发酵过程中的现象。

（8）发酵终止　当发酵液中的含糖量降至5%～8%时，即在杨梅带肉果浆发酵液糖量在5%及杨梅果汁发酵液糖量在6.8%时终止发酵。首先采用虹吸的方式将上层液吸出，之后用200目的四层纱布对发酵液进行过滤。将过滤后的酒体即发酵汁倒入另一个储存罐中。

（9）澄清　对过滤后的发酵汁进行澄清处理。称取明胶1g，用100mL纯净水浸泡，配制成1g/L的溶液，按发酵汁的60mg/kg浓度加入明胶，静置5d，过滤。

(10) 杨梅原酒　将发酵汁澄清过滤后得到的酒即为杨梅酒原酒，放入棕色瓶中，温度15～17℃，湿度≥50%，避光保存。

(三) 质量指标

(1) 感官指标

带肉果浆发酵：较暗的红色，澄清，无杂质；清新，较浓的杨梅香和浓郁的醇香，酸甜可口，具有杨梅酒特有的风格。

果汁发酵：艳丽的玫红色，澄清，光亮无杂质，有淡淡的杨梅香和浓郁的醇香，微酸，具有杨梅酒特有的风格。

(2) 理化指标

带肉果浆发酵：酒精度11%，总糖（以葡萄糖计）31g/L，总酸（以酒石酸计）9.8g/L。

果汁发酵：酒精度10%，总糖（以葡萄糖计）43g/L，总酸（以酒石酸计）16g/L。

(3) 微生物指标　沙门菌和金黄色葡萄球菌不得检出。

十二、蜂蜜桂圆果酒

(一) 工艺流程

桂圆粉制备→制浆→糊化、液化→糖化→成分调整→接种→分装→前发酵→后发酵→粗滤→冷处理→勾兑→巴氏杀菌→成品→检测

(二) 操作要点

(1) 糊化、液化　将桂圆核晾干后粉碎过40目筛，称取500g，按料液比1∶4加纯净水调浆，搅拌均匀后缓慢升温到80℃，将其pH调节至5.5～7.0，加入$CaCl_2$ 2g，按照400U/g桂圆核的量加入耐高温淀粉酶，液化温度92℃左右。

(2) 糖化　桂圆核液化完毕后降温至60℃，用稀盐酸调pH值为4.4，按照100U/g桂圆核的量加入糖化酶进行反应。

(3) 成分和酸度调整

① 糖度调整：糖化结束后，用蜂蜜调整糖化液的浓度至22%。

② 添加二氧化硫：添加亚硫酸调节二氧化硫浓度至120mg/L，充分混匀，静置24h。

③ 调节pH值：用柠檬酸调整发酵液初始pH至4.0。

(4) 接种　酵母经活化后，按2%的量接种至发酵液中。

(5) 分装　将接了种的发酵初始液分装至玻璃瓶中，装液量为80%，用八层纱布封口，外罩两层牛皮纸。

(6) 前发酵　在恒温培养箱中，调整温度至25℃进行发酵，当还原糖浓度

≤0.5%或酒精度不再变化时，终止发酵。

(7) 后发酵和粗滤 将主发酵液中的上层清液转移到另一清洁的玻璃瓶中，即刻密封，15℃左右进行后发酵 30d。然后发酵酒用 120 目的滤布进行过滤，即得原酒。

(8) 冷处理 将原酒置于 4℃下冷藏 6d，然后离心过滤。

(9) 成品 将离心过滤的酒液进行无菌灌装即为成品。

（三）质量指标

(1) 感官指标 色泽亮黄，澄清透明，具有发酵酒香，持久而协调，味甜润，酒感饱满。

(2) 理化指标 酒精度16%，总糖（以葡萄糖计）≤5g/L，总酸（以酒石酸计）7.5g/L，挥发酸（以醋酸计）≤0.8g/L，总 SO_2＜250mg/L，游离 SO_2＜50mg/L。

(3) 微生物指标 沙门菌和金黄色葡萄球菌不得检出。

十三、水蜜桃果酒

（一）工艺流程

水蜜桃→清洗→破碎、去核→蒸煮→打浆→酶解澄清→果汁成分调整→主发酵→过滤→后发酵（陈酿）→调配→过滤→灌装→杀菌→成品

（二）操作要点

(1) 原料选择处理 选择成熟度较高、香气浓郁、无霉烂的水蜜桃，用盐水浸泡，洗净，切小块（添加 0.2%维生素 C 护色），80℃蒸煮 15min，添加 0.05%偏重亚硫酸钠一起打浆。

(2) 果汁成分调整 用加糖的方法调整果汁到需要的含糖量（180g/L），并用柠檬酸和苹果酸调整到合适酸度（4g/L）。

(3) 主发酵 将干酵母粉置于 5%蔗糖溶液和适量果汁混合液中，于 35℃培养箱活化 1.5h 后接种到果汁中进行发酵。发酵温度为 22℃，时间 7d。

(4) 后发酵 后发酵需要在较低温度下进行，在 18℃左右，2 个月后陈酿完成后，原酒逐渐变得清亮，酒脚沉淀于罐底。

(5) 过滤 采用板框式过滤机进行过滤，提高酒的澄清度和稳定性。

（三）质量指标

(1) 感官指标 带渣果汁发酵产出的酒水蜜桃香气突出，口感饱满，但是口感稍显粗糙，酸涩感较强，酒液较浊。

(2) 理化指标 酒精度 7%～12%，总糖含量（以葡萄糖计）≤5g/L；游离

SO_2 含量≤50mg/L。

(3) 微生物指标 沙门菌和金黄色葡萄球菌不得检出。

十四、光核桃果酒

(一) 工艺流程

光核桃→剔除烂果→碱液清洗→去核→预煮→榨汁酶解→调整糖度和酸度→接种菌种→装罐→主发酵→后发酵→过滤澄清→杀菌处理→成品果酒

(二) 操作要点

(1) 原料选择 选择出汁率高、成熟度好的光核桃作为原材料，破碎前人工彻底去除青果、病霉果、腐烂破碎果等。

(2) 酵母活化与驯化 制备质量分数为40%的光核桃果浆，加入白砂糖，调整糖度为5%，杀菌后冷却至33℃，按浆液质量的5%加入SY葡萄酒高活性干酵母，在恒温箱中28～32℃条件下进行活化30min备用。

(3) 原料预处理 将光核桃放入1%～2%的NaOH溶液浸洗，去除剩余果皮及残留农药。再用清水冲刷洗净，彻底清除泥土、杂物等，取出晾干；然后将清洗晾干的光核桃破碎、去梗去核后切碎，预煮。

(4) 榨汁 将预煮过的光核桃送入榨汁机中榨汁，同时添加75mg/L异抗坏血酸钠、0.4g/L氯化钙、50mg/L二氧化硫用于护色、杀菌和抗氧化，用量要适宜，过多会延迟甚至阻滞酒精发酵，过少会影响实验效果而且容易使果汁感染杂菌。打浆完成后，再向果浆中加入200mg/L果胶酶和0.005%硫酸铵，将果汁混合均匀放置12h使果胶在果胶酶的作用下充分分解。

(5) 调整糖度和酸度 在不同的糖度和酸度下，酵母菌的活性不同。根据理论值17g/L蔗糖的果汁能产生1°的纯乙醇，为了获得光核桃果酒的最佳发酵糖度和酸度，将光核桃果汁的糖度控制在20%～22%，将pH值控制在4.0～4.3之间。

(6) 装罐 发酵罐使用前先用75%乙醇擦拭杀菌消毒，然后将调整好糖度和酸度的光核桃果汁装入发酵罐，装罐率为4/5左右，盖上盖子，但不能完全使其封闭，以方便发酵产生大量CO_2气体的释放，装得过满，会使果汁溢出，盖得过紧，发酵容器会有爆炸的危险。

(7) 主发酵的控制 发酵在自然温度条件下进行，但温度不能过高或过低，以保证光核桃果酒在适宜的温度范围内发酵，温度过高（≥32℃），酵母衰老快。本实验接种温度在30℃左右，使整个发酵阶段酵液温度范围能自然保持在18～30℃，基本上符合果酒发酵温度。每12h对果酒中的残糖、pH值和酒精体积分数进行测定并记录，直至总糖、酒精体积分数趋于稳定时，结束主发酵。

(8) 后发酵　首先采用虹吸的方式将上层液吸出，之后用200目的四层纱布对发酵液进行过滤。将过滤后的酒体即发酵汁倒入另一个储存罐中。后发酵需要在较低温度下进行，在20℃左右，1个月后陈酿完成后，原酒逐渐变得清亮，酒脚沉淀于罐底。

(9) 过滤　采用板框式过滤机进行过滤，提高酒的澄清度和稳定性。

(10) 杀菌　将过滤后的酒液经85℃保温10min进行杀菌处理，杀菌完成后冷却到室温。

(11) 成品　将杀菌、冷却完成后的酒液立即进行无菌灌装即为成品。

(三) 质量指标

(1) 感官指标　金黄色，透明清亮，光泽度好，清爽，醇厚丰满，柔和怡人，光核桃果香馥郁，酸涩适中，无异味，酒性协调，酒体完整，典型性突出。

(2) 理化指标　酒精度12%～13%，还原糖含量（以葡萄糖计）≤4g/L，游离 SO_2 含量≤30mg/L。

(3) 微生物指标　大肠菌群≤30cfu/mL，细菌总数≤50cfu/mL，致病菌不得检出。

十五、李子果酒

(一) 工艺流程

原料挑选→清洗→去核→破碎→酶解→打浆→果浆→调配→酒精发酵→下胶→过滤→陈酿→调配→储存→冷冻→过滤→杀菌→灌装→检验→成品

(二) 操作要点

(1) 选料、清洗、酶解　李子要求无腐烂变质、无变软、无病虫害。除梗后用水冲洗，再用150mg/L焦亚硫酸钾水溶液清洗后晾干，去核，用水果破碎机以慢速搅打5～10s，破碎后添加焦亚硫酸钾175mg/L，防止褐变及杂菌生长，并添加果胶酶75mg/L，于室温下作用约2h。

(2) 打浆　酶解完成后即进行打浆处理，利用果浆进行发酵，有利于提高原料的出酒率，且形成的原酒的风味和口感较好。

(3) 调配　由于气候条件、成熟度、生产工艺等因素的影响，在李子果酒生产过程中，李子果汁的成分难免会出现达不到工艺要求的情况。为了使酿制的李子果酒达到一定的酒度，保证酒质量的稳定，发酵前需加入一定浓度的蔗糖溶液，调整果汁的糖度至180g/L，酸度自然。

(4) 酒精发酵　酵母活化在40℃左右，加水量为安琪干酵母的10倍，保持20min左右，配成1%的酵母活化液。在经调整的发酵液中添加0.5%的活化酵母液，18～25℃条件下发酵，每日测定酒精度，考察果酒酒精度的变化。

（5）下胶　下胶是果酒生产中的一项重要操作。通过下胶可使原酒在短时间内快速澄清，利于陈酿。由于李子果酒中的胶体含量较高，所以该生产通过加入4%明胶澄清剂和3%皂土来进行。

（6）冷冻　由于李子果酒胶体含量较高，有机酸主要以苹果酸、柠檬酸为主，通过冷冻处理可明显提高果酒的胶体稳定性，因此，将李子果酒在－5℃条件下冷冻10d。

（7）过滤　冷冻后的果酒恢复到室温后，用板框式过滤器进行过滤。

（8）杀菌　将过滤后的酒液加热到80℃保持15min进行杀菌，杀菌后冷却到室温。

（9）成品　将杀菌后的酒液进行无菌灌装，即为成品。

（三）质量指标

（1）感官指标　浅红色，澄清透明，具有明显的李子香，果香、酒香协调，酸甜适宜，口感纯正、鲜爽。

（2）理化指标　酒精度15%～17%，总糖含量（以葡萄糖计）≥30%，总酸含量（以柠檬酸计）2.5～4.5g/L，挥发酸含量（以乙酸计）≤2.5g/L。

（3）微生物指标　沙门菌和金黄色葡萄球菌不得检出。

十六、平谷大桃果酒

（一）工艺流程

原料分选→破碎→榨汁→澄清→调整成分→主发酵→倒桶→后发酵→调整→分离过滤→灌装→成品

（二）操作要点

（1）原料前处理　原料要求完全成熟，含汁量多，无病虫害及腐烂变质，剔除未成熟果及杂质。用清水洗涤后沥干水分，切分去核，然后加适量水（为总质量的20%～30%），加热至75℃保持20min，以提高出汁率。

（2）榨汁、澄清　在果浆中每1kg加入50mg二氧化硫、100mg果胶酶，搅拌均匀后静置2～4h进行榨汁。在果汁中每1kg加入15～20mg果胶酶，30～40℃下保持2～3h，分离得到澄清果汁。

（3）调整成分　将澄清果汁用糖进行调整。一般平谷大桃的含糖量为12～14g/100mL，因此只能生产6%～8%的酒精。而成品酒的酒精度要求为12%～14%（体积分数），可根据生成1%酒精需加1.7g糖，计算出所需加糖量，加入果汁中。

（4）发酵　将澄清果汁调整成分后，接入人工培养的纯种酵母液，进行主发酵6d。然后倒桶进行后发酵，并按每1kg补加50mg二氧化硫的比例，在18～

20℃的温度下缓慢进行后发酵，使残糖进一步发酵为酒精。

（5）调整、装瓶　后发酵结束后调整成分，分离过滤，装瓶后即为成品。

（三）质量指标

（1）感官指标　淡黄色、澄清透明，具有桃香和酒香，滋味纯正柔和，酸甜适中。

（2）理化指标　酒精度13%～14%，总糖≤5g/L，总酸6～8g/L。

（3）微生物指标　沙门菌和金黄色葡萄球菌不得检出。

十七、低度欧李发酵果酒

（一）工艺流程

野生鲜欧李→分选清洗→破碎→去核→打浆→调整成分（水、蔗糖、SO_2）→加入果胶酶→接种酵母→发酵→分离出酒液→下胶→过滤→冷藏→过滤→灌装→杀菌→成品

（二）操作要点

（1）分选清洗　要求充分成熟，果皮呈暗红色，果肉微软。

（2）破碎去核、打浆　中等破碎，去核完整，打浆。

（3）调整成分　用蔗糖液调整浆液糖度达110g/L，添加水（水：欧李果浆=0.4：1），SO_2添加量为50mg/L。

（4）加果胶酶　添加量为10mg/L，添加二氧化硫3h后再添加果胶酶，在适宜温度下处理6～8h。

（5）发酵　干酵母添加量为200mg/L。先用10%的40℃的蔗糖水活化。在40℃含蔗糖质量分数为10%的蒸馏水中，加入干酵母，混匀，静置，每10min轻搅1次，30min后直接添加到欧李汁中。发酵时间为8d，发酵温度25～28℃。整个发酵阶段需控制温度在25～28℃为宜，酿成的欧李发酵果酒挥发酸含量低，酒中芳香风味物质损失少，酒质醇厚。

（6）分离　发酵至糖度达稳定值时开始分离。

（7）下胶　采用自然重力法下胶2%硅藻土澄清，澄清时间由具体情况决定。

（8）过滤　使用真空抽滤器过滤。

（9）冷藏　冷处理温度为4～6℃，时间为7d。

（10）杀菌　70～75℃巴氏杀菌15～20min。

（11）成品　杀菌后的酒液冷却到室温后立即进行无菌灌装。

（三）质量指标

（1）感官指标　色泽呈浅宝石红色，清亮透明，具有浓郁的欧李果香和优雅

的发酵酒香；无悬浮物，入口单薄、微涩，酒体丰满浓厚。

（2）理化指标　酒精度4.5%，总糖≤3.5g/L，挥发酸≤0.5g/L，总浸出物51.7g/L，总二氧化硫63mg/L，游离二氧化硫5mg/L。

（3）微生物指标　细菌总数≤50cfu/mL，大肠菌数≤3MPN/100mL。

十八、樱桃干红果酒

（一）工艺流程

果实筛选→清洗、去核与榨汁→酶解→糖度调整→发酵→分离→澄清→低温过滤→成品

（二）操作要点

（1）选料、清洗　选取新鲜成熟的樱桃，用自来水洗净后沥干。

（2）榨汁　将清洗、沥干、去核后的樱桃进行压榨取汁，果汁中加入等量的纯净水，并添加偏重亚硫酸钾（有效二氧化硫以60%计），使果汁中有效二氧化硫达150mg/L，将0.3%～0.4%的果胶酶用5倍40℃温水稀释浸泡1～2h后倒入果汁中，搅匀，于30℃条件下，经8h后压榨过滤。

（3）成分调整　果汁含糖量不足，需添加蔗糖至180g/L。

（4）发酵　控制20℃左右，发酵14d后主发酵基本完成。此时，残糖在1.8g/100mL左右，虹吸清液于储罐，再补加50mg/L的二氧化硫，经14d后转罐1次，共转罐2次后于15℃条件下密封储存2～3个月。

（5）澄清、成品　采用明胶澄清法，在15℃条件下下胶，静置10d，虹吸上清液，用硅藻土过滤，进行无菌灌装。

（三）质量指标

（1）感官指标　浅红色，澄清透明，具有鲜明的樱桃香，果香、酒香协调，酸甜适口，口感纯正。

（2）理化指标　酒精度12%～15%，总酸含量（以柠檬酸计）3～4.5g/L，总糖含量（以葡萄糖计）≤4g/L。

（3）微生物指标　沙门菌和金黄色葡萄球菌不得检出。

十九、钙果果酒

（一）工艺流程

原料→检果→清洗→破碎→打浆→脱核→酶解→果汁→成分调整→酵母→活化→接种→发酵→倒酒→苹果酸-乳酸发酵→储存→二次倒酒→下胶→陈酿→调配→冷冻→粗过滤→精过滤→除菌→灌装→成品

（二）操作要点

（1）检果　选成熟度好的新鲜果，剔除霉烂果、生青果。

（2）清洗　进行二次清洗，一次用自来水，二次用无菌纯净水。

（3）破碎　用锤片式破碎机破碎钙果，不能将籽打碎。

（4）脱核　由于钙果的果实很小，而核又较大，所以通常的脱核机不适合钙果脱核，可利用打浆机边打边加少量纯净水，就可以较好地将钙果的果肉和核分开。

（5）酶解　将“向阳花”牌果胶酶和LallzymeC果胶酶两种果胶酶复合使用，效果较好。“向阳花”牌果胶酶的添加量为0.03%，LallzymeC果胶酶的添加量为10mL/t，酶解时间为24h左右，加入果酒专用酵母搅拌，活化30min即可。

（6）发酵　控制发酵温度18～20℃，每天测定密度，当密度在1.0g/cm^{3}左右时停止发酵，此时进行第1次倒酒，倒酒后不添加亚硫酸。

（7）苹果酸-乳酸发酵　倒酒后的原酒酸度较高，需加入乳酸菌控温在22℃进行苹果酸-乳酸发酵，每天进行纸上层析观察，同时进行总酸的测定，当总酸降至5.5g/L左右时停止发酵。

（8）储存　苹果酸-乳酸发酵结束后倒酒除酒脚，但此时的原酒还很浑浊，需要添加亚硫酸，使酒中游离SO_2含量为4mg/L，之后进行短期储存，通常半个月左右。

（9）二次倒酒　短期储存后的原酒逐渐变得清亮，酒脚沉淀于罐底，将清酒倒入另一罐中。

（10）下胶　钙果酒由于原料中的单宁含量较高，所以酒的涩感较重，需用明胶结合皂土下胶，下胶前需做小试，根据小试结果确定明胶的添加量约为1.2g/L，皂土的添加量约为0.08%。

（11）陈酿　保证温度在20℃左右，每隔1个月测定挥发酸1次，酒要满罐储存，若不满，需用二氧化碳气体保护，防止酒的氧化。

（12）调配　将不同批次的原酒根据成品的指标要求进行混合，需要加糖加酸的必须将糖、酸溶液用夹层锅烧开10min，冷却后加入原酒中。

（13）冷冻　钙果酒通过冷冻工艺可提高酒的稳定性，冷处理的温度在其冰点以上0.5℃左右，处理时间6d。

（14）粗过滤　冷处理结束后，应立即用硅藻土过滤机过滤，除去不稳定的胶体物质。

（15）精过滤　粗过滤后用澄清板过滤，以提高酒的澄清度和稳定性。

（16）除菌　用两道串联的膜做最后的除菌。

（17）成品　除菌后立即进行无菌灌装即为成品。

（三）质量指标

（1）感官指标　外观澄清、透明，无悬浮物，有光泽；色泽近似浅红、桃红；具有纯正、幽雅、和谐的酒香、果香；酒体醇厚完整，酸甜协调。

（2）理化指标　酒精度12%～14%，干浸出物≥10.0g/L，滴定酸（以柠檬酸计）4～9g/L，挥发酸（以乙酸计）≤1.1g/L，游离二氧化硫≤50mg/L，总二氧化硫≤250mg/L。

（3）微生物指标　沙门菌和金黄色葡萄球菌不得检出。

第三节 浆果类果酒

一、柑橘果酒

（一）工艺流程

鲜果挑选→剥皮→分瓣→去籽→榨汁→调整成分→接种→主发酵→酒渣分离→后发酵→倒罐→陈酿→澄清→过滤→装瓶→成品

（二）操作要点

（1）原料预处理　挑选充分成熟、无病虫害的柑橘鲜果，用清水洗去表面泥沙，经手工剥皮、分瓣、去籽后用原汁机破碎榨汁，弃去果渣，得柑橘汁。

（2）调整成分　柑橘汁糖度为11%左右，为酿制酒精度为11%的柑橘酒，需将柑橘汁糖度调整到20%，柑橘汁pH值为3.3～3.5，无需进行调整。

（3）酵母活化　准确称取待发酵液质量0.02%的活性干酵母，加入一定体积的待发酵液溶解，在37℃水浴中活化30min至大量发泡。

（4）接种　将活化后的酵母缓慢倒入待发酵液中，边加边搅拌。

（5）主发酵　将发酵液置于26℃条件下发酵6d，酒精度达11%，糖度降至6%以下，完成酵母的主发酵过程。

（6）酒渣分离　主发酵结束，采用虹吸法分离酒脚，转入后发酵。

（7）后发酵　后发酵温度为15～20℃，发酵30d后进行倒罐处理，分离酒脚。

（8）陈酿　于18℃满罐放置3个月，每隔1个月倒罐1次，以分离沉渣及酒脚，以防止酒脚给原酒带来异味。

（9）澄清、过滤　使用1%的壳聚糖对柑橘酒进行澄清处理，用量为0.6g/L，用4层纱布过滤后即可装瓶，得柑橘酒成品。

（三）质量指标

（1）感官指标　澄清透亮、有光泽，橙黄色，香气协调、优雅，具有明显的柑橘果香与酒香，酒体丰满，醇厚协调，舒服爽口，回味延绵，具有柑橘的独特风格，优雅无缺。

（2）理化指标　酒精度 11%，糖含量≤4g/L，总酸含量 0.4～0.5g/100mL。

（3）微生物指标　沙门菌和金黄色葡萄球菌不得检出。

二、脐橙果酒

（一）工艺流程

脐橙→榨汁→过滤→杀菌→调配→冷却→接种→发酵→分离酒脚→澄清→脱苦→成品

（二）操作要点

（1）原料选择　应选择充分成熟且色泽鲜艳、无腐烂、无病虫害的脐橙。

（2）榨汁　采用脐橙榨汁机榨汁（也可去皮榨汁）。

（3）调糖　按 17g/L 糖产生 1%的酒，使最终产品的酒精度为 11%～12%，算出所需加糖量，将白砂糖溶解煮沸过滤，加入杀菌（80℃，20s）后的果汁中。

（4）接种发酵

① 酵母活化：将酿酒活性干酵母按 1∶20 加入到 2%的蔗糖溶液中，40℃保温 15min 后于 30℃培养 1.5h 即可使用。

② 发酵：将活化好的酵母按 3%的比例接入调好糖酸的脐橙果汁中，混合均匀，在 16～18℃温度下发酵。

每天同一时间测定其总糖、还原糖、可滴定酸、可溶性固形物和酒精度。

（5）分离酒脚　当果酒中总糖含量和酒精含量趋于稳定时，果酒主发酵结束，分离上层酒液与酒脚。

（6）澄清　采用单宁-明胶澄清，加不同用量的 1%单宁和 1%明胶溶液，加热煮沸 1min，立即水冷至常温，静置澄清。

（7）脱苦　采用活性炭吸附法，原酒中加入 7%的活性炭，于室温中振摇 2h 后取出过滤。活性炭回收洗净后于 150℃下干燥 3h 可再次使用。

（8）成品　脱苦后的酒液立即进行无菌灌装即为成品。

（三）质量指标

（1）感官指标　呈金黄色或淡黄色，外观澄清，无悬浮物和浑浊现象；具有脐橙特有的香气，柔细清爽，醇厚纯净而无异味，酒体丰满。

（2）理化指标　酒精度11%～12%，总糖（以葡萄糖计）≤4.0g/L，总酸4～6g/L。

（3）微生物指标　沙门菌和金黄色葡萄球菌不得检出。

三、无花果果酒

（一）工艺流程

无花果→分选→清洗→破碎、榨汁→成分调整→主发酵→后发酵→陈酿→调配→装瓶→成品

（二）操作要点

（1）鲜果分选　无花果是否成熟直接关系到果酒的品质。果品的成熟度需八九成，以果皮浅黄色、粉红色为佳，剔除霉烂、病虫果。

（2）清洗　将分选出的鲜果倒入0.01%氯胺溶液中，用木制工具翻动，浸泡时间20～30min（去除泥沙、表皮微生物），捞出沥干水分，倒入另一清水池中进行漂洗，用木制工具翻动，时间10～20min，捞出沥干水分。

（3）榨汁　采用双螺旋榨汁机、高速离心分离机提取果汁。先将沥干水分的无花果放入双螺旋榨汁机中榨汁（如下料受阻，可先将无花果在塑料桶中用不锈钢铲将其捣成碎块），取汁后的果渣装入80～100目丝质滤袋中，每袋3～4kg，扎紧袋口装入离心机中分离残汁。将榨取的果汁称量装入发酵缸，按0.1g/L的比例添加维生素C，搅拌均匀，起到防止果汁氧化褐变、防腐灭菌的作用。

（4）成分调整　根据酒品设计要求，果汁外观糖度应调整为20～22°Bx，按比例添加白砂糖（可制取糖液），同时加入二氧化硫100mg/L，搅拌均匀。

（5）主发酵　在果汁中加入0.3%～0.4%经活化后的葡萄酒酵母，搅拌均匀，保持发酵温度20～28℃，发酵时间20～30d。当残糖下降到2g/L以下时，应立即分离酒脚，倒桶转入后发酵阶段。

（6）后发酵　按所需酒精度，再补加相应的白砂糖，于18～20℃保温20～30d，测定残糖含量，一旦达到要求，立即分离酒脚。前后两次酒脚蒸馏后收集酒液，用于调配酒精度。

发酵完成后的酒称为原酒，一般酒精度在10%（体积分数）左右。为利于陈酿，应调整酒精度，可用无花果酒液或优级食用酒精调整酒精度，一般高于成品酒3%～5%。由于无花果果汁中含有较多的果胶、蛋白质、纤维素和木质素，在发酵过程中不能完全分解，可用明胶、钠基膨润土进行澄清处理，加量为0.3%左右（第1次澄清处理）。

（7）陈酿　陈酿是果酒中有机酸与乙醇酯化反应的过程。因此，用于调配成型酒的原酒应陈酿2～3个月以上。经较长时间的陈酿，酒的色、香、味、风格

均有明显提高。

（8）调配　根据酒品设计要求及质量标准，选择不同时期成熟的原酒进行组合。主要进行酒精度、酸度、糖分、风格的调整，使酒品达到果香和酒香和谐醇正。

（9）成品　无花果原酒调配成型后，按 0.01%～0.015%的比例加入生物澄清材料进行第 2 次澄清处理。用硅藻土过滤机可以去除，使酒品澄清透明和长期稳定。澄清过滤后，进行无菌灌装即为成品。

（三）质量指标

（1）感官指标　具有无花果果汁本色或琥珀色，富有光泽；澄清透明，无杂质及悬浮物；具有无花果特有的果香和酒香，诸香和谐醇正；具有无花果酒的独特风格。

（2）理化指标　酒精度 10%～15%，总糖（以葡萄糖计）6～10g/L，总酸（以乙酸计）2g/L，二氧化硫（以游离 SO_2 计）0.04g/L。

（3）微生物指标　沙门菌和金黄色葡萄球菌不得检出。

四、黑莓果酒

（一）工艺流程

黑莓→处理→打浆→灭菌→调整成分→前发酵→榨酒→后发酵→调配→澄清→陈酿→精滤→装瓶成品

（二）操作要点

（1）黑莓果浆　将新鲜成熟的黑莓，摘除果柄、枝叶，剔除病虫害、变色、变质等不合格果，在流水中洗净，打浆，制得黑莓果浆。

（2）甜酒酿　按传统蒸饭淋水法生产，发酵 6d。

（3）前发酵　采用连渣发酵法，在甜酒酿中加入巴氏灭菌的黑莓果浆，用白糖调整糖度至 180g/kg，控温 16～22℃，发酵 10d，残糖降至≤10g/kg，压榨取酒。

（4）配比　以酒酿∶果浆为 1∶4 配比制酒，果香突出，风味好。

（5）调配　经前发酵、后发酵，在残糖少于 6g/kg 时，根据产品标准，对色泽、酒度、糖分、总酸等指标进行调配。

（6）澄清　果酒经陈酿 3 个月以上，用复合澄清剂或硅藻土进行澄清处理，再进行精滤。

（7）成品　精滤后的酒液立即进行无菌过滤。

（三）质量指标

（1）感官指标　宝石红色，清澈透明，无悬浮物，无沉淀物；具典型黑莓果香，且酸度适中，酒体丰满。

(2) 理化指标　酒精度11%～12%，总糖度≤5g/L，总酸度（以酒石酸计）9.5g/L，总二氧化硫≤250mg/L。

(3) 微生物指标　沙门菌和金黄色葡萄球菌不得检出。

五、猕猴桃酒

（一）工艺流程

猕猴桃鲜果→洗果→破碎→榨汁→灭菌→脱胶→粗滤→成分调整→发酵→灭菌→调配→澄清→过滤→储存→包装

（二）操作要点

(1) 果汁提取　猕猴桃破碎后，因果浆中含果胶而呈黏性糊状，内含自动流动的果汁很少，很难压滤，出汁率极低，经果胶酶处理后，可明显提高果汁得率，出汁率可从50%～55%提高到75%～85%。榨取的果汁先经瞬间热处理(85℃，1～2min)，可使果汁所含的猕猴桃蛋白酶、多酚氧化酶等酶类钝化失活，否则这些酶会引起后来添加的果胶酶的部分失活，直接影响脱胶效果及发酵、澄清效果。

(2) 酿酒酵母的选择　菌种的选择关系到猕猴桃酒的质量，一般果酒酵母比猕猴桃酒专用酵母风味要差些。

(3) 发酵温度　采用低温发酵，控制发酵温度20～22℃左右，发酵酒质较好。

(4) 使用抗氧化剂　国内外酿造葡萄酒广泛采用二氧化硫作为抗氧化剂，可有效地防止葡萄酒发生褐变，产生氧化异味。经验证明，在猕猴桃榨汁及酿造过程中采取分批添加少量二氧化硫，既可保护酒中抗坏血酸，又能防止酒质褐变氧化，改善果酒宜人的芳香和色泽。若一次性添加的二氧化硫浓度过高时，会破坏维生素C，酒质也会发生褐变，产生氧化味，失去原有的果香。

(5) 果皮萃取液的去涩　猕猴桃皮渣中含有大量的单宁，故萃取液有涩味，可用食用明胶除去单宁，一般用量为0.5%。

(6) 果酒澄清　发酵完毕经灭菌后的果酒因含有果胶、蛋白质等物质而显得浑浊，可用明胶法或JAI澄清剂进行澄清。

(7) 果酒储存　发酵澄清后的猕猴桃酒，最好采用避光、低温、密闭封存，有利于保存抗坏血酸等有效成分，可防止酒质产生褐变氧化。新酒经1年陈酿，酒体变得醇和，果香明显。

（三）质量指标

(1) 感官指标　具有猕猴桃果香和浓郁的酒香，口味纯正柔和，风格独特，为典型的猕猴桃发酵酒。

（2）理化指标　酒精度 8%～13%，总糖含量≤0.5g/100mL，总酸含量 0.6～0.8g/100mL，挥发酸含量≤0.1g/100mL。

（3）微生物指标　沙门菌和金黄色葡萄球菌不得检出。

六、杨梅果酒

（一）工艺流程

鲜杨梅→分选→糖分调整→加酵母控温发酵→分离→后发酵→澄清→成分调整→补加 SO_2→陈酿→降酸→冷冻→过滤→灌装→干红杨梅酒

（二）操作要点

（1）原料要求　杨梅原料选择紫黑色的新鲜成熟杨梅，采摘后及时加土，也可临时存放于温度 0～5℃、相对湿度为 85%～90%的冷库内，但最长不超过 2d。

（2）分选　杨梅为无外果皮，且为浆状的带核水果，易粘上杂质并易腐烂，在加土前捡去不够成熟、腐烂及有病虫的杨梅。

（3）糖分调整　木叶杨梅果实含糖分为 8%～9%，需添加蔗糖以弥补糖分的不足，控制总糖含量在 18%～24%，以使酒精发酵结束后的最终酒度在 11%～13%（体积分数）之间。

（4）控温发酵　本工艺采用“安琪”牌葡萄酒活性干酵母发酵杨梅酒，使用前以 20 倍 37℃含蔗糖 2%的温开水活化 30min。加入果实重量 0.1%～0.3%的活化酵母发酵，发酵过程需采用适当降温措施，控制发酵温度在 24～30℃，使其在较低温度下缓慢发酵，有利于保持果香和促进发酵彻底进行，酒中芳香风味物质损失少。

（5）转罐分离　发酵 1 周左右时间，当发酵醪含糖量低于 5g/L 时，应及时将杨梅醪进行压榨分离，将酒转罐，并补加 50mg/L 的 SO_2。

（6）后发酵　后酵罐酒部留出 5～10cm 空隙，因后发酵也会产生少量泡沫。入料口应安装水封，以隔绝空气，控制温度在 18℃。

（7）澄清　后酵结束后，对原酒进行澄清处理，澄清剂采用壳聚糖。本工艺采用 100mg/L 的壳聚糖处理，取得较好澄清效果。

（8）陈酿　澄清后的原酒补加 40mg/L 的 SO_2，然后于 17℃密闭陈酿 4～6 个月，陈酿中必须保持满罐状态，以防止氧气接触和醋酸菌等微生物侵染酒液，影响酒的质量。

（9）降酸　本工艺采用 $K_2C_4H_4O_6$ 2g/L+K_2CO_3 1g/L 混合降酸。

（10）冷冻　降酸处理后的干红杨梅酒在−5～−4℃下保温 7d，并趁冷过滤，有利于除去酒液中某些低温不溶物或析出物，从而提高成品酒的稳定性。

（11）精滤、灌装　酒液采用0.2μm的精密过滤器滤去悬浮物质和除菌后无菌灌装即为成品。

（三）质量指标

（1）感官指标　具有杨梅本身酒红色，澄清透明，有光泽；果香、酒香浓馥幽雅，酒体丰满；滋味醇厚、爽口，酸甜适宜，回味绵延，风味优雅。

（2）理化指标　酒精度11%～13%，总糖（以葡萄糖计）≤5g/L，总酸（以柠檬酸计）5～7g/L，总SO_2≤30mg/L。

（3）微生物指标　细菌菌落总数≤50cfu/mL，大肠菌群＜3MPN/100mL，致病菌未检出。

七、蓝莓果酒

（一）工艺流程

原料→选果→打浆→榨汁→成分调整→发酵→倒罐→下胶→过滤→陈酿→调配→灭菌→冷冻→过滤→除菌过滤→灌装→成品

（二）操作要点

（1）选果　果实要求完全成熟、新鲜、洁净，无霉烂果、病果，糖酸度符合要求（糖含量≥50g/L，酸含量≤15g/L），选出合格果实酿造果酒。

（2）破碎、打浆　将果实通过输送带送入破碎机内，调节破碎机转速与破果齿的长短，调节进果速度，保证每个果实充分破碎。

（3）酶解　果浆中加入0.06%果胶酶并混匀，然后于常温下静置酶解24h。

（4）成分调整　白砂糖用果浆充分溶解后与果浆混匀，使糖的含量达到150g/L。

（5）发酵　将1g酵母溶于2L5%糖水中（30～40℃），活化30～40min后，立即加入发酵液中（发酵液为成分调整后的果浆），循环20～30min，开始发酵，控制发酵温度在22～24℃，发酵时间7～8d。

（6）倒罐、除酒脚　发酵后分离酒脚，原酒并罐，并将罐的空余部分用二氧化碳充满。

（7）下胶　按工艺要求将0.07%皂土下胶剂事先溶好后再与原酒充分混合，循环30～60min左右。

（8）澄清过滤　下胶15d左右开始分离，要求将纤维素和硅藻土或单独将硅藻土在搅拌罐内用果酒搅拌均匀，做好涂层后，利用硅藻土过滤机进行果酒的过滤。

（9）陈酿　于25℃以下温度条件陈酿6～12个月，期间进行理化及卫生指标的检测，主要包括游离二氧化硫、挥发酸和细菌总数。每年6～9月，每隔半个月测定1次指标，10月至翌年5月每隔1个月测定1次，做好记录。陈酿期还要进行挥发酸的预测试验，其方法是向洁净酒瓶中倒入半瓶原酒，放在25℃保温箱中敞口培养7d左右，培养期间通过测定挥发酸含量的变化和观察液面是否生长菌膜来判定陈酿期间酒的安全性。

(10) 调配

① 在白砂糖中加入少量纯净水（电导率≤10μs/cm），再用蒸汽溶解，煮沸30min，冷却至20～30℃。

② 对各种原酒成分进行检测，将各类型的原酒按比例进行混合，使内在品质一致。

(11) 灭菌　于121℃下3s瞬时灭菌。

(12) 冷冻、过滤　利用冻酒罐冻酒，要求速冷，冷冻温度为冰点以上0.5～1℃，保温5d，趁冷过滤，要求酒体要彻底清澈。方法是将过滤好的果酒用小烧杯装满，于暗室内用手电筒侧照烧杯，若在杯中有可见光束，即可判定酒液浑浊；若见不到光束，即可判定酒液清澈。

(13) 储存　过滤后的酒液进行短期储存，在此期间做冷、热稳定性试验。

热稳定性试验：装一瓶酒置于55℃保温箱中，保温5d，观察酒液是否浑浊。

冷稳定性试验：装一瓶酒放在0℃保温箱中，保温5d，观察酒液是否浑浊或有晶体出现。

(14) 除菌过滤　使用0.45μm厚的膜过滤。

(15) 成品除菌过滤后的酒液无菌灌装即为成品。

(三) 质量指标

(1) 感官指标　紫红色，澄清透明，有光泽，无明显悬浮物；具有纯正、优雅、和谐的果香与酒香；酸甜和谐适中，有甘甜醇厚的口味和陈酿的酒香，果香悦人，回味绵长；具有蓝莓果酒突出的典型风格。

(2) 理化指标　酒精度11%～13%，残糖（以葡萄糖计）40～50g/L，总酸（以柠檬酸计）6～7g/L，挥发酸（以醋酸计）≤1.1g/L，总二氧化硫≤250mg/L。

(3) 微生物指标　细菌总数<50cfu/mL，大肠菌群≤3MPN/100mL。沙门菌和金黄色葡萄球菌不得检出。

八、黑加仑果酒

(一) 工艺流程

黑加仑→清洗→破碎榨汁→过滤→酶处理→成分调整→接种→主发酵→渣液分离→陈酿→澄清→调配→杀菌→无菌灌装→成品果酒

（二）操作要点

（1）原料选择　一般选取具有充分成熟的黑加仑作为酿酒的原料，此时糖含量高，发酵后产酒率高，单宁含量低。如果成熟度不够，压榨所得果汁的可溶性固形物含量较低，达不到发酵的要求；如果黑加仑果实过于成熟，其果肉和果皮极易染上细菌，给生产带来不便。

（2）酶处理　添加0.5%的果胶酶，在35℃条件下保温3h。果胶酶可以分解果实中的果胶物质，生成半乳糖醛酸和果胶酸，有利于果汁中固形物的沉降，提高出汁率。

（3）成分调整　黑加仑果汁中含糖量为7.3%，若仅用原果汁发酵则酒精度太低。因此，应适当添加白砂糖以提高酒精度，使果汁含糖量为18%。

（4）酒精发酵　向过滤后的黑加仑汁中接入4%活化好的活性干酵母，30℃条件下酒精发酵5d。发酵结束后要尽快进行渣液分离，防止因为酵母菌自溶引起的酒质下降。

（5）陈酿　经过主发酵所得的果酒，口感、色泽均较差，需经过一定时间的陈酿，酒的品质才能进一步提高。在陈酿过程中，应定期进行检测，以确定后发酵是否正常进行。一般温度控制为15～18℃。陈酿过程是一系列复杂的生化反应，酵母继续分解残糖，氧化还原和酯化等化学反应以及聚合沉淀等物理化学作用都在进行，可使芳香物质增加和突出，不良风味物质减少，蛋白质、单宁、果胶物质等沉淀析出，从而改善果酒的风味，使得酒体澄清透明，酒质稳定，味柔和纯正，陈酿时间约3个月。

（6）澄清　为提高黑加仑果酒的稳定性和透明度，采用澄清剂或膜分离等方式对黑加仑果酒进行澄清处理。

（7）灭菌　采用瞬时杀菌法（110℃，2～3s）进行灭菌，除去果酒中的微生物，以达到食用果酒的卫生要求。

（8）成品　灭菌后冷却到室温的酒液要立即进行无菌灌装。

（三）质量指标

（1）感官指标　黑加仑果酒颜色呈深褐色，具有突出的黑加仑清香，酒香味较强，口感柔和。

（2）理化指标　酒精度为8%，总糖（以葡萄糖计）≤3g/100mL，总酸含量（以醋酸计）3.8g/100mL，游离SO_2≤30mg/L。

（3）微生物指标　沙门菌和金黄色葡萄球菌不得检出。

九、野生红心果果酒

（一）工艺流程

红心果→分选→清洗→破碎→出汁→过滤→红心果汁→调整成分→主发酵→

后发酵→澄清→红心果果酒

（二）操作要点

（1）分选、清洗　选择新鲜、表面光洁的野生红心果，要求无病虫、霉烂，然后用饮用水清洗并沥干水分。要求不能携带水分进入下一过程。

（2）破碎　先将果实切成 2cm 见方的小块，然后放入榨汁机破碎，同时加入 5%的纯净水。

（3）出汁　在榨汁后加入 60mg/kg 二氧化硫以防止杂菌污染，并加入 70mg/kg 果胶酶保持 3h 以分解果胶，增加出汁率。

（4）过滤　经过澄清的果汁出现分层现象，只抽取上层清液，下层用多层纱布过滤，合并得红心果果汁。

（5）调整成分　发酵前要对红心果汁进行糖度、酸度调整。同时加入 0.7%的接种酵母。

（6）主发酵　发酵期间，控制发酵温度为 24℃，同时监测发酵指标。红心果汁中的主要糖类，在酿酒酵母的作用下，在厌氧条件下转化为乙醇和二氧化碳，同时产生许多副产物。

（7）后发酵　经过主发酵后，红心果酒变得澄清，但饮用仍然会感到辛辣、粗糙，必须经一段时间存储，进行物理、化学和生物学变化，减少生涩味，增加香气。

（8）澄清　经发酵后的红心果果酒中带有大量酵母、色素、蛋白质等对果酒澄清度有危害的物质，必须进行下胶操作，降低发生沉淀的危险，增加酒液的澄清度。采用 1.2%硅藻土和 0.2%明胶结合进行下胶操作，澄清效果好。

（三）质量指标

（1）感官指标　淡红色，光亮，清澈透明，无沉淀及悬浮物，特殊的红心果香气和醇正的酒香，无异味，口感愉悦，后味绵长。

（2）理化指标　总糖（以葡萄糖计）45g/L，固形物 27.5g/L，酒精度 7.8%，总酸（以柠檬酸计）4.5g/L，挥发酸（以醋酸计）0.23g/L。

（3）微生物指标　沙门菌和金黄色葡萄球菌不得检出。

十、东方草莓酒

（一）工艺流程

草莓→清洗→灭菌破碎→果浆→加二氧化硫→加果胶酶→调整成分→主发酵→分离酒脚→后发酵→补加二氧化硫→精滤→装瓶→成品

（二）操作要点

（1）原料预处理　草莓为柔软多汁的浆果，果肉组织中的液泡大，容易破裂，但因草莓没有后熟作用，采收过早虽有利于运输和储藏，但颜色和风味都差，一般在草莓表面3/4颜色变红时采收最为适宜。在选择草莓的时候，要求新鲜成熟，去除腐烂果、病虫果；当日采摘，当日加工，不允许过夜。将精选的草莓去除萼片、萼梗，用水冲洗干净，也可用0.03%高锰酸钾溶液浸洗1min，再用清水冲洗，沥干。

(2) 灭菌　把沥干的草莓置沸水锅里漂烫1min左右，然后捞出放在容器里，草莓受热后可降低黏性，破坏酶的活性，阻止维生素C氧化损失，还有利于色素的抽出，提高出汁率。

(3) 破碎、果汁处理　草莓破碎后放入布袋内，在离心机内离心取汁（亦可连渣），再将果汁（或果浆）置双层釜内，加入10g/100kg的偏重亚硫酸钾，再加入0.04%的果胶酶。也可将二氧化硫、果胶酶处理后的果汁加热至40～55℃，保持2min，再升至70～80℃灭酶，急冷后入发酵罐。

(4) 发酵　将果汁糖分调整为20～22 °Bx，总酸0.45～0.5g/100mL，加入0.08%～0.1%的活性葡萄酒干酵母，控制发酵温度18～23℃，发酵8～15d，酒精含量达11%～12%。主发酵后将酒脚分离，原酒进行后发酵（常温，7d）。

(5) 陈酿　后发酵完毕，补加二氧化硫至30mg/kg抑菌，并用高效澄清剂进行澄清处理，陈酿1年左右，再进行精滤。

(6) 成品　精滤后的酒液立即进行无菌灌装。

（三）质量指标

(1) 感官指标　金红色，澄清透明，色泽自然，清新纯正，具优雅和谐的果香与酒香，酒体丰满，口味清新，协调爽净，具有草莓酒特有的风格。

(2) 理化指标　酒精度10%～15%，糖含量（以葡萄糖计）0.4%～6%，总酸含量（以柠檬酸计）0.55～0.75g/100mL，挥发酸（以乙酸计）≤0.1g/100mL。

(3) 微生物指标　沙门菌和金黄色葡萄球菌不得检出。

十一、半干型菠萝果酒

（一）工艺流程

菠萝→洗涤→去皮→去芯→切块→护色→榨汁→前处理（抑菌、酶解）→成分调整→接种酵母→主发酵→过滤→倒罐→后发酵→陈酿→澄清→调配→装瓶杀菌→成品

（二）操作要点

(1) 原料预处理　挑选成熟度高的菠萝作为原料，用清水洗去菠萝表皮的泥砂和杂物，然后削皮，剔除果眼，去芯，榨汁。向容器中加入0.1%柠檬酸与

0.04%抗坏血酸对果肉进行护色；向果汁中添加偏重亚硫酸钾，进行二氧化硫处理；再添加果胶酶，提高菠萝出汁率。

（2）成分调整　菠萝汁发酵的糖度应调整在20%～22%，具体应由成品酒酒精度的要求而定。用pH计测量果汁的pH值，分别利用乳酸和碳酸钙来调节pH值，使之成为酵母适宜生长的环境。

（3）主发酵　将种子液按8%～10%的比例加入发酵液，摇匀，密封，静置发酵，温度控制在25～29℃。发酵期间，每天振荡1次，使发酵液温度均匀，并定时测定糖度和酒精度。

（4）后发酵　将过滤换罐后的菠萝果酒置于阴凉通风处（15～20℃）进行后发酵，发酵时间为8d左右。

（5）灭菌、陈酿　后发酵结束后，将菠萝果酒以65℃灭菌30min，灭菌后静置冷却至室温。过滤后转入储酒容器中进行陈酿，陈酿期间品温控制在6～8℃，陈酿时间为15d左右。

（6）澄清、调配　采用沉淀法进行澄清。

（7）装瓶、杀菌　将调配好的菠萝果酒装入带塞子的果酒瓶中，采用巴氏杀菌的方法对其进行杀菌。

（三）质量指标

（1）感官指标　菠萝果酒色泽清澈透明，具有浓郁的菠萝果香和馥郁的酒香味，酒体协调，口感柔和爽口，酸甜适中，回味悠长。

（2）理化指标　酒精度14.5%，残糖量7.4g/L。

（3）微生物指标　细菌总数≤40cfu/mL，大肠菌群数≤3MPN/100mL，致病菌不得检出。

十二、树莓果酒

（一）工艺流程

树莓→原料选择→破碎、打浆→添加果胶酶→过滤取汁→灭酶→加$NaHSO_3$→调节pH值→成分调整→主发酵→过滤→后发酵→澄清→陈酿→杀菌→成品

（二）操作要点

（1）原料选择与处理　采摘成熟度高、无病虫害的新鲜树莓，清洗干净后冷冻备用。在破碎前适当解冻，进行打浆。

（2）添加果胶酶　为了提高出汁率，树莓打浆后应立即添加果胶酶。果胶酶可以软化果肉组织中的果胶物质，使之分解生成半乳糖醛酸和果胶酸，使浆液中的可溶性固形物含量升高，增强澄清效果和提高出汁率。酶解3h后过滤取汁，

添加一定量的亚硫酸氢钠，使其与果汁中的酸作用，缓慢释放出游离的二氧化硫。需要注意的是，二氧化硫用量少，起不到抑制杂菌的作用，用量过多则会抑制酵母的生长，影响发酵过程。

(3) 成分调整　由于树莓原果汁糖度低（为 4.5%），酸度高（pH 值为 2.93），故添加少量的碳酸钠和碳酸氢钠将果汁的 pH 值调为 3.5～4.0；添加蔗糖调节果汁含糖量为 160～200g/L。

(4) 酵母活化　称取安琪葡萄酒用高活性干酵母溶入 10 倍质量的 2%蔗糖水溶液中，35～40℃水中活化 20～30min。

(5) 发酵

主发酵：将调整好的果汁在 75℃水浴中灭菌 10～15min 后移至超净工作台，待温度降至室温后将活化后的酵母液接入果汁中，在 20℃温度条件下发酵，发酵过程中及时进行搅拌，破坏发酵时形成的泡盖，以便完全发酵。当糖度≤50g/L，酒精度为 10%～13%时，主发酵结束，主发酵时间一般为 6d 左右。

后发酵：将经过主发酵后的发酵醪用 4 层纱布过滤，同时滤液混入一定量空气，部分休眠的酵母复苏，在 20℃左右发酵 10～14d。后发酵的装料率要大，酒液应接近罐口，目的是减少罐内氧气，防止染上醋酸菌。

(6) 澄清　选用壳聚糖作为澄清剂，按 0.5g/L 添加壳聚糖，在室温条件下静置 72h 后即得澄清透亮的树莓原酒。

(7) 陈酿　经澄清后的原酒进行密封陈酿，在 20℃以下陈酿 1～2 个月。酒液尽可能满罐保存（减少与氧气的接触，避免酒的氧化影响酒的品质）。

(8) 装瓶与杀菌　树莓酒装瓶后，置于 70℃水浴中灭菌 15～20min，取出冷却后即得成品。

（三）质量指标

(1) 感官指标　酒红色，澄清透明，有光泽，无杂质；具有树莓酒固有滋味，纯净，幽雅，爽怡；具有纯正、和谐的果香和酒香。

(2) 理化指标　总糖（以葡萄糖计）≤30g/L，总酸（以柠檬酸计）3～6g/L，总二氧化硫≤20mg/L，酒精度为 10%～13%。

(3) 微生物指标　细菌总数≤50 个/mL，大肠杆菌≤3 个/100mL，致病菌不得检出。

十三、黑果腺肋花楸果酒

（一）工艺流程

黑果腺肋花楸果→分选→去梗→清洗→破碎打浆→静置澄清→调整成分→控温发酵→倒酒陈酿→净化→过滤→灌装→黑果腺肋花楸果酒

（二）操作要点

（1）原料选择　黑果腺肋花楸果酒品质的好坏与原料的关系十分密切。选取成熟度高的黑果腺肋花楸果实作为酿酒的原料，此时果实糖含量高，产酒率高，有机酸、单宁含量低，汁液清香、鲜美、风味好。若成熟度过低，榨汁后所得果汁的可溶性固形物含量低，不能达到发酵的要求；若果实过度成熟，果实的表皮和果肉上含有杂菌基数大，很难保证发酵质量。

（2）清洗　用清水充分冲洗，以便去除附着在果实上的部分微生物及灰尘等污染物。黑果腺肋花楸果实柔软多汁，清洗时，应降低果实的破碎率。

（3）去梗　黑果腺肋花楸的梗含有单宁等苦味物质，若不去除，在破碎打浆过程中容易浸入果浆液中，影响发酵酒体的风味。

（4）果胶酶处理　果胶酶可以分解果肉组织中的果胶物质，产物为半乳糖醛酸和果胶酸，使浆液中的可溶性固形物含量升高，增强澄清度，提高出汁率，为了提高果实出汁率，将打浆的黑果腺肋花楸汁中添加0.2%果胶酶，并在37℃下保温2h。

（5）添加SO_2　添加SO_2主要是为了抑制杂菌的生长繁殖，但SO_2的添加量应该适中，过多将抑制发酵酵母菌的生长，影响发酵，过少则无法达到抑制杂菌的目的，其添加量为50mg/kg。

（6）果汁成分的调整　经测定，所选黑果腺肋花楸鲜果含糖量为8.5%，因此需要对果汁含糖量进行调节，用白砂糖将汁液含糖量调至18%，并将pH调至4.5。

（7）发酵　酿酒酵母接种量为0.6g/L，在27℃条件下发酵6d。

（8）陈酿　发酵结束后进行陈酿，时间在1个月左右，温度小于18℃

（9）净化、过滤　陈酿后的酒液加入3%硅藻土过滤。

（10）成品　将过滤后的酒液立即进行无菌灌装。

（三）质量指标

（1）感官指标　宝石红色，晶亮透明，具有黑果腺肋花楸特有的果香，酸甜宜人，柔和清爽，回味绵长。

（2）理化指标　酒精含量11%～13%，糖含量≤8%，总酸含量0.3～0.8g/100mL。

（3）微生物指标　沙门菌和金黄色葡萄球菌不得检出。

十四、桑葚酒

（一）工艺流程

原料→验收→破碎→入缸→配料→主发酵→分离→后发酵→第一次倒缸

（池）→密封陈酿→第二次倒缸（池）→满缸（池）密封陈酿→第三次倒缸（池）→澄清处理→过滤→调配→储存→过滤→装瓶→成品

（二）操作要点

(1) 原料验收　红色、紫红、紫色或白色无变质现象的为合格桑葚果。青色、绿色果未成熟，含糖低，不予收购。剔除外来杂物，用不漏的塑料桶、袋或不锈钢容器盛装，不得使用铁制品。

(2) 破碎　用破碎机、木制品工具均可，尽可能将囊包打破为宜，渣汁一起入缸（池）发酵。配料按 100kg 原料加水 150～200kg、白糖 40～50kg、偏重亚硫酸钾 20～25mg/kg，搅拌均匀。

(3) 主发酵　加入培养旺盛的酵母液 3%～5%。原材料入缸（池）后，用搅拌或振荡设备搅拌均匀，温度控制在 22～28℃，几小时后便开始发酵，每天搅拌或翻搅 2 次，发酵时间控制在 3d，主发酵结束立即分离皮渣。

(4) 分离　用纱布或其他不锈钢设备过滤，使皮渣与发酵液分开，将皮渣压榨，榨汁与发酵液合并一起进行后发酵，后发酵温度为 18℃，时间控制在 1 周内完成，残糖含量在 0.2%以下为终点。

(5) 倒缸（池）　发酵结束进行 3 次倒缸（池），将上层酒液转入消毒后的缸（池）中，下层的沉淀蒸馏回收酒分。每次倒缸后，取样测定酒度。

(6) 澄清处理　采用冷、热或下胶处理，明胶添加量为 2%。

(7) 成品　酒液过滤后，立即进行无菌装瓶出厂。

（三）质量指标

(1) 感官指标　红棕色，澄清，有光泽，无悬浮物和沉淀；具有桑葚特有的素雅果香和陈酿酒香，协调悦人；有桑葚酒独特的新鲜感，醇厚，爽口，回味绵长。

(2) 理化指标　酒精度 11%～16%，总糖（以转化糖计）12～20g/100mL，总酸（以柠檬酸计）0.3～0.6g/100mL，挥发酸（以醋酸计）≤0.07g/mL。

(3) 微生物指标　沙门菌和金黄色葡萄球菌不得检出。

十五、清爽型橙酒

（一）工艺流程

脐橙→去皮、榨汁及调配→灭菌→添加酵母→前发酵→后发酵→陈酿→澄清→过滤→装瓶→杀菌→成品

（二）操作要点

(1) 选料、榨汁与调配选用成熟无病虫害、无霉烂、新鲜脐橙，清洗、去

皮、榨汁，纱布过滤，果汁糖度、酸度测定，用蔗糖调节糖度至20%～22%，用柠檬酸和碳酸钙调节pH至4左右。

(2) 酵母活化　称取葡萄酒活性干酵母（按果汁计：0.2g/L）于10倍体积的4%葡萄糖水溶液中，35℃活化20～30min。

(3) 发酵

前发酵：向调配好的脐橙汁中加入活化酵母液，在24℃条件下发酵5～7d，糖度为4%～6%，酒精度为10%～12%，前发酵结束。

后发酵：将经过前发酵后的发酵醪利用过滤机进行过滤，同时滤液混入一定空气，部分休眠的酵母复苏，在25℃条件下发酵10～14d，糖度降至50g/L左右，发酵结束。

(4) 陈酿　在5～10℃条件下陈放30d，部分悬浮物质沉淀析出，酒体醇厚感增强。

(5) 澄清与过滤　将用热水溶解的壳聚糖（0.06%）加入陈酿后的果酒中，室温下每隔6h搅拌一下，放置72h后用真空微孔膜（0.22μm）过滤除去酒体中的悬浮物。

(6) 装瓶与杀菌　将葡萄酒分装于玻璃瓶中，密封，在70～75℃条件下杀菌10～15min。

（三）质量指标

(1) 感官指标　呈透明的红色，酸度适中，酒体醇厚，香气怡人。

(2) 理化指标　酒精度10%～12%，总糖（以葡萄糖计）15～20g/L，pH3.5～4.5，总酸（以酒石酸计）6～8g/L。

(3) 微生物指标　沙门菌和金黄色葡萄球菌不得检出。

十六、红心火龙果酒

（一）工艺流程

火龙果→挑拣→清洗→去皮→破碎→榨汁→入罐→酶解→调整成分→接种→主发酵→倒罐→后发酵→过滤→储存→调整成分→过滤→灌装封口→灭菌→检验→储存→成品

（二）操作要点

(1) 原料的采收　选择新鲜、个大的成熟果，削皮后使用塑料桶或者不锈钢桶盛装，不得使用铁质容器。

(2) 榨汁与酶处理　将削皮后的果实使用打浆机破碎榨汁处理后加入约40000U的果胶酶，40～45℃条件下水浴6h。

(3) 成分调整　成熟红心火龙果含糖量约为10%左右，按照1.7～1.8g/

100mL 发酵液产生 1%酒精，产生酒精度为 11%～12%的火龙果酒需补糖至 22%左右。调整 pH 为 3.5 左右，按 20000U 的量加入抑菌剂。

(4) 主发酵　分别加入自行筛选的活化好了的火龙果果酒酵母，在 20℃条件下维持 13～15d 左右。

(5) 后发酵　主发酵结束后进行倒罐，开始进入后发酵，维持温度 20℃，时间 15d 左右，后发酵结束后储存。

(6) 下胶澄清与过滤　水果酒在后期保藏时容易发生胶体凝聚，使酒体浑浊，故需要进行下胶处理。在 15℃条件下分别按 0.3%和 0.08%的比例加入预先溶解好的皂土和明胶进行下胶处理，约 16h 澄清结束后，使用小型错流膜过滤机进行过滤处理。

(7) 调配　按照成品酒的要求，对酒度、酸度等进行调配，使酒更适口，风味更加突出，典型性更强。利用火龙果酒基酒可生产干型、半干型等多款火龙果酒。

(8) 灭菌　装瓶后的果酒采用巴氏灭菌法进行灭菌，68℃条件下维持 25min。

(9) 成品　灭菌后的产品冷却至室温，即为成品。

（三）质量指标

(1) 感官指标　成品酒呈深桃红色，澄清透明，吸光度好，无明显杂质和悬浮物质，酒香显著，具有成熟红心火龙果典型香气；入口舒适，无异味，酒体丰满，酸甜适宜。

(2) 理化指标　酒度 8%～12.5%，浸出物（干）≥15mg/L，总二氧化硫≤250mg/L，总酸 4～8g/L。

(3) 微生物指标　细菌总数≤50 个/mL，大肠杆菌≤3 个/100mL，致病菌未检出。

十七、甜型野生蓝莓酒

（一）工艺流程

蓝莓→破碎打浆→成分调整→接种→主发酵→后发酵→陈酿→澄清→调配→过滤→杀菌→包装

（二）操作要点

(1) 破碎打浆　将清洗沥干后的蓝莓果实按 1：2（蓝莓与水的质量比）注入纯净水打浆，按 120mg/kg 的浓度加入果胶酶和一定量的二氧化硫（以偏重亚硫酸钠计算其用量），于 45℃水浴保温 3h。

(2) 成分调整　取蓝莓汁，测定其外观糖度和酸度，加入糖浆将蓝莓汁的糖度调整至20%左右，加入$K_2C_4H_4O_6$和$KHCO_3$将蓝莓汁酸度调整至pH为5。

(3) 接种　在蓝莓汁中接入经过扩大培养的葡萄酒酵母菌液，接种量为10%。

(4) 主发酵　将容器密封，在24℃的温度下发酵6～7d。温度过高，有利于杂菌繁殖，酒精易挥发，容易使原酒口味变粗糙，酒液浑浊；温度过低，发酵时间过长，不利于生产。

(5) 后发酵　主发酵结束后，将原酒过滤，在无菌过滤下，将滤液倒入无菌容器中，保持18～20℃密闭容器发酵15d。

(6) 陈酿　将经过后发酵的酒液放置在18～20℃密闭容器中静置储存1个月，避免与氧气接触，以提高酒的质量。

(7) 澄清　将经过陈酿的酒液加入果胶酶，其用量为0.3%。处理24h，然后下胶，加入一定量明胶静置，待其充分沉淀后进行过滤。

(8) 杀菌　滤液收集后，70℃水浴杀菌30min。

(9) 包装、成品　杀菌后，采用无菌包装，放入酒库储存。

(三) 质量指标

(1) 感官指标　呈深褐色，均匀澄清，具有蓝莓特有的香味。

(2) 理化指标　酒精度≥11%，可溶性固形物（以折射率计）≤5%，还原糖≤0.2%。

(3) 微生物指标　沙门菌和金黄色葡萄球菌不得检出。

十八、桑葚甜红果酒

(一) 工艺流程

鲜桑葚果→筛选→打浆→接种酵母→主发酵→过滤→冷藏后酵→低温储酒→明胶沉降澄清→粗过滤→精过滤→调酒→灌装→杀菌→冷却→成品

(二) 操作要点

(1) 筛选　将鲜桑葚果倒入筛选平台，人工除去腐败变质、虫噬、伤病果。

(2) 打浆　将筛选后的鲜桑葚果均匀地输入打浆机内，在打浆的同时要均匀地加入15mg/kg亚硫酸，防止桑葚汁氧化。

(3) 接种酵母　将活性干酵母与桑葚果浆及软化水混合搅拌1h，加入盛有桑葚果浆的小型发酵罐内，搅拌均匀，发酵温度控制在25℃。

(4) 化糖　发酵过程中，根据酵母降糖曲线，将白砂糖分批进行化糖，再将化好的糖浆倒入小型发酵罐中，搅拌均匀。

(5) 过滤　将主发酵完成后的桑葚果酒用四层纱布进行过滤。将过滤后的桑葚果酒置入冰柜中冷冻，温度控制在－10℃，后发酵3个月，再将后发酵完成的桑葚果酒倒入小型储酒罐中。

(6) 澄清过滤　将明胶加入软化水中溶化，再将2%明胶溶液倒入下胶罐中，与桑葚果酒搅拌均匀，静置24h，经过两层纱布初滤，再通过4层纱布夹带脱脂棉精滤。

(7) 成分调整　根据对桑葚果酒的成分测定结果，对桑葚果酒成分进行调整，再将调整后的桑葚果酒倒入储酒罐。

(8) 灌装　将调配好的桑葚果酒装入已灭菌的玻璃罐中，灌装时要求温度高于60℃热灌装，少留顶隙迅速封好盖，严防桑葚果酒沾在罐口及罐外壁。

(9) 杀菌　桑葚果酒装罐密封后采用100℃水浴杀菌，首先，将瓶盖留有一定的缝隙进行杀菌20min，此步骤是为了排除瓶内的冷空气，然后将瓶盖封严进行水浴杀菌，时间达5min，冷却至室温即得到成品。

（三）质量指标

(1) 感官指标　红宝石色，清亮透明，果香清雅，醇正丰满，酸甜适口，滋味绵长，酒香果香协调，具桑葚酒特有风格。

(2) 理化指标　酒精度12%～16%，糖含量≤30g/L，总酸含量4～7g/L，挥发酸含量≤1g/L。

(3) 微生物指标　沙门菌和金黄色葡萄球菌不得检出。

十九、番石榴果酒

（一）工艺流程

新鲜番石榴→分选→清洗、去果端→破碎、打浆→加水→加果胶酶→过滤果渣→调整成分→接种酵母→主发酵→倒罐→后发酵→倒罐→密封陈酿→过滤→调配→灌装→杀菌→成品

（二）操作要点

(1) 原料选择　在农贸市场挑选八九成熟的新鲜番石榴，无腐烂或虫蛀，果实饱满不干瘪。深绿质硬的果实应尽量不采购，因为这样的番石榴成熟度不够，含单宁成分较多，酸度高，糖度低，不利于果汁的发酵。

(2) 切碎、打浆　洗净去除果端的番石榴应先切成碎块，然后加入到打浆机内进行打浆操作，果肉应充分打成糊状，即充分破坏果肉组织，使其中的可溶性物质能从果肉细胞中游离出来，过滤时能提高果肉的出汁率。

(3) 加水　番石榴果实含有0.8%～1.5%的果胶，打浆后果浆黏糊，流动性差，需加水稀释，按果浆：水为1：0.5（体积比）的比例加入清水。适量的加水有利于下一步酶解的进行，同时节约原料的用量，而对发酵酒的色香味影响不明显。

（4）加入果胶酶　果胶酶可以分解果实组织中的果胶，使浆液中的可溶性固形物含量升高，增强澄清效果，提高出汁率，使果肉中各种可溶性营养成分充分溶出。果胶酶的用量为600mg/kg，50℃处理2h。

（5）调整成分　果汁中的糖类是酵母菌生长繁殖的主要碳源，而番石榴果实含糖量约为10%，加水操作后，实际含糖量更低（约7%），若不外加糖类，则发酵酒的酒精度低。因此，应适当添加蔗糖提高发酵酒精度。理论上一般是按照1.7%的蔗糖溶液经酵母发酵产生1%（体积分数）的酒精度来计算蔗糖添加量，而果酒的酒精度（体积分数）一般为7%～18%。

为抑制杂菌生长繁殖，番石榴果汁在发酵前需要添加二氧化硫。加入焦亚硫酸钾的果汁要放置1d左右，以使二氧化硫能充分释放出来。实践证明，偏重亚硫酸钾的添加量为15g/100kg时，能使前期酵母发酵正常旺盛，同时发酵后期酒液澄清，无染菌现象。

（6）接种　向调整好成分的果汁中加入已活化的葡萄酒酵母，混合均匀，葡萄酒酵母的接种量一般为4%。

（7）发酵　发酵过程中应保持温度的稳定，葡萄酒酵母适宜的生长温度是22～30℃，将发酵温度控制为25℃左右，发酵时间为9d左右。发酵罐装料不能超过3/4容量，以防止发酵时果汁溢出。待主发酵完成酒渣下沉后，即可将上层的较澄清的酒液取出转到另一干净的发酵罐中，进行后发酵。后发酵的装料率要大，酒液应接近罐口，以排出大部分空气并且密封，防止空气进入酒液，目的是减少罐内氧气，防止染上醋酸菌。

（8）陈酿　经过2次倒罐后，酒液中的不溶物基本除去，酒液澄清，透明光亮，此时就可以进行酒的陈酿。陈酿过程中应注意定期检查管理，防止氧气进入和微生物的污染。

（9）过滤　陈酿结束后要进行过滤，除去酒中沉淀和杂质，保证果酒成品的稳定性。可用硅藻土过滤机过滤。过滤后的果酒要求外观澄清透明，无悬浮物，无沉淀。

（10）调配　为了使果酒最终产品的风味更佳，达到特定的质量指标，还需要对澄清后的酒液进行调配。加入适量的食品级酒精、蔗糖、酒石酸，使果酒酒精度约为10%（体积分数），含糖约为4%，总酸0.2%左右。

（11）杀菌　果酒在最后灌装前，应加热灭菌，杀灭酒中的微生物，确保果酒成品的品质稳定。加热的条件一般为升温至70℃，并保持30min，然后分段迅速冷却至室温即可。

（三）质量指标

（1）感官指标　外观呈金黄色透明液体，均匀澄清，无悬浮物，无沉淀，具有清甜的番石榴果香和发酵酒香，酒味和果香协调，酒体丰满，酸甜适口。

(2) 理化指标 酒精度10%～11%，总糖（以葡萄糖计）25g/L，总酸（以酒石酸计）5～6g/L，挥发酸（以乙酸计）≤0.7g/L，干浸出物≥15g/L，游离二氧化硫≤50mg/L。

(3) 微生物指标 沙门菌和金黄色葡萄球菌不得检出。

二十、西番莲果酒

（一）工艺流程

西番莲→添加果胶酶制备原汁→澄清→成分调整→低温发酵→分离转罐→后发酵→澄清→过滤→陈酿→装瓶→成品

（二）操作要点

(1) 西番莲果实的选择和处理 选择充分成熟的无病虫害及无伤残的新鲜西番莲果实，清洗干净后用机械破碎，加入0.2%的果胶酶再压榨取汁。

(2) 果汁成分调整 西番莲果实的含糖量为10%左右，为保证成品酒中含有一定的糖度和酒精度，用蜂蜜调整糖度为18%，再加入0.05g/L磷酸氢二铵，同时加入0.1g/L偏重亚硫酸钾，静置24h。最后加入3g/L活化好的活性干酵母进行发酵。

(3) 发酵 为了保证发酵的顺利进行，将发酵温度控制在18～20℃之间，在此温度下发酵比较彻底，原酒残糖量较低，酒精生成量较高，发酵时间为12d。

(4) 倒罐 果汁经低温发酵至酒精度为7%～8%时立即对酒液进行巴氏杀菌，可有效地抑制果汁的继续发酵，保留果汁中的部分天然成分，后将酒液转入另一发酵罐中进行后发酵。

(5) 酒液的澄清 后发酵一段时间后，用交联聚乙烯吡咯烷酮（PVPP）对酒液澄清24h，然后用过滤机过滤得澄清酒液。

(6) 陈酿 将酒液在低温下陈酿2～3个月，以改善酒的风味。

(7) 成品 陈酿后的酒液经过滤后立即进行无菌灌装即为成品。

（三）质量指标

(1) 感官指标 玫瑰红色，透明清亮，无悬浮物和沉淀；果香突出，柔和协调；入口清爽，酒质醇厚协调。

(2) 理化指标 酒精度7.5%，总酸5.4g/L，总糖5%，总二氧化硫25mg/L。

(3) 微生物指标 细菌总数≤50个/mL，大肠杆菌≤3个/100mL，致病菌不得检出。

二十一、半干型桑葚全汁果酒

（一）工艺流程

桑葚→选果→水洗→榨汁→调整→发酵→分离→陈酿→倒罐→澄清→过滤→调配→冷冻→精滤→灌装→热处理→成品

（二）操作要点

（1）榨汁及调整　收购成熟新鲜桑葚，糖度为11°Bx以上，并要求无枝叶等杂物，无青果、无腐烂变质。料果加工前再仔细检选后，用清水冲洗去泥尘，送入榨汁机取汁，同时加入适量的异维生素C钠抗氧化。所得粗滤汁加入0.3g/L的果胶酶分解果胶，以降低果汁黏度，有利于后续澄清处理，并提高出酒率。还添加一部分白砂糖以提高发酵原酒的酒精度。添加0.2g/L焦亚硫酸钾抑制杂菌。为了保证料果的新鲜度，须当日采收当日投料完毕。

（2）主发酵　这是桑葚酒生产的重要一步。发酵菌种采用酿酒高活性干酵母，接种量为0.9g/L果汁，并先经50g/L稀糖汁活化至大量产泡沫。主发酵期23～27℃适温发酵5～6d，此发酵速度较为合适，有利于提高生产效率和保证酒质。

（3）后发酵　主发酵结束，进入后发酵阶段，应保持较低的温度，继续完成残糖发酵，产生酯香和老熟。此时形成的沉渣被称为酒脚，要及时倒罐除去，因为其中的酵母菌体会死亡自溶，影响酒的风味和导致蛋白质浑浊。在此后倒罐间隔时间可以延长，直至倒至无酒脚。倒罐后要装满，并用酒脚蒸馏的酒精（又称原白兰地）或食用酒精封面，以防杂菌污染和空气氧化。

（4）澄清　发酵原酒经过倒罐去酒脚，其中仍含有果胶及蛋白等，其沉淀缓慢，使酒液不够清亮透明。人工下胶澄清是添加不溶性物质，使酒液快速产生胶体沉淀物，从而使原来悬浮于酒液中的杂质一起固定在胶体沉淀中，然后滤除。实际生产时采用蛋清澄清。

（5）冷热交互处理与瓶储　上述原酒经过下胶处理后，若长期尤其是低温下储存，还会产生浑浊甚至沉淀，影响酒质。可经人工或冬季自然冷冻，促使产生明显的浑浊或沉淀后，趁冷进行精细过滤。该处理温度控制在酒的冰点以上0.5～1℃效果最好。

（6）灌装、成品　酒液冷处理后灌装封口，放入水浴中，升温至70～75℃，维持25～30min，冷却后，需要1～2周时间的短期储存，经过检验合格，并贴标入箱包装，即可供应市场。热处理杀死了酒中存在的极少量杂菌，也起到了快速催熟的作用，可弥补储存陈酿时间的不足，缩短生产周期，提高设备利用率，提高经济效益。

（三）质量指标

（1）感官指标　呈鲜熟桑葚的紫红色，澄清透明，无悬浮物，允许有少量沉淀；具特有的桑葚果香与清雅的酒香；口味纯净、幽雅、微酸，具有和谐的果香与酒香味，略带爽口的苦味；具有该酒突出的典型风格。

（2）理化指标　酒精度12%～13%，总糖（以葡萄糖计）30～35g/L，总酸（以苹果酸计）5～6g/L，挥发酸（以醋酸计）≤1.2g/L，干浸出物≥14g/L。

（3）微生物指标　沙门菌和金黄色葡萄球菌不得检出。

二十二、蔓越莓干型酒

（一）工艺流程

原料→分选→清洗→打浆→调整成分→发酵→过滤→基酒→成品。

（二）操作要点

（1）原料分选、清洗　原料应该选择成熟度合适、无腐烂、无杂质、糖分高、果汁多、易压碎的原料；原料要彻底清洗，用0.1%维生素C液浸泡，以减少褐变的产生。

（2）打浆　将清洗好的原料放入打浆机内，加原料质量10%的水，然后进行打浆，并及时加入80～100mg/L亚硫酸，其对新鲜果汁的有害微生物可起到抑制作用，同时可以抑制果汁的氧化作用，防止褐变。将打浆后的果浆置于微波炉中加热到60℃，不仅可以起到一定的灭菌和抑制褐变的作用，最重要的是可以大大提高果汁中的酚类物质和类黄酮类化合物的含量。

（3）调整成分与发酵　将打浆后的果浆糖度调到酒精度为12%（体积分数）所需的糖度，用柠檬酸调节酸度，使用果酒酵母作为发酵剂，将其用温水进行活化后直接添加到果浆中进行发酵。柠檬酸添加量、酵母添加量和发酵温度直接影响发酵情况。发酵条件：果酒酵母添加量0.3%，发酵液初始值pH为3.5，发酵温度为18℃。

（4）过滤　用纱布过滤滤去残渣，进行澄清，得到基酒。

（5）调配　添加的白砂糖应先制成糖浆，并将所需补加的柠檬酸溶于糖浆中，待糖浆冷却后再加入到原酒中进行调配。糖度最佳水平为4%、pH为3.5时，口感适中，比较容易被大众接受。

（6）成品　调配完成后的酒液立即进行无菌灌装即为成品。

（三）质量指标

（1）感官指标　宝石红色，清爽、幽雅、协调的果香；澄清透明，无悬浮物；清新爽口，余味悠长，具有相应的典型风味。

（2）理化指标　酒精度11%～13%，糖度≤4%，pH为3.5。

（3）微生物指标　沙门菌和金黄色葡萄球菌不得检出。

二十三、蓝莓干酒

（一）工艺流程

优选蓝莓→破碎→微波处理（添加果胶酶）→调配→灭菌→添加酵母→前发酵→倒罐→后发酵→倒罐→陈酿→酒质调节→灌装→成品

（二）操作要点

（1）微波促溶　蓝莓中的花色苷为蓝莓果中最重要的营养成分，而果酒中的酚类物质又是决定果酒品质的关键因素之一，经微波合成反应仪处理后的果汁，其中的花色苷及酚类物质的溶出获得了显著提高。

（2）酶解　果胶酶的添加可以提高蓝莓得汁率，并使果汁变得澄清，从而使陈酿后的原酒较澄清，且酒体的稳定性较好，添加量为20～40mg/L，处理10～15h。

（3）成分调整　根据成品酒的标准对果汁的酸度、含糖量进行调整。通常情况下，17～18g/L的糖分可转化为1%（体积分数）酒精。酒度为10%～12%（体积分数）蓝莓果酒发酵液的含糖量应为18%～22%，而蓝莓果汁的含糖量平均为9.5g/100mL左右，仅能获得约5%（体积分数）的酒，所以一定要添加蔗糖来调整糖度，从而达到所要求的标准。注意添加蔗糖后，必须倒罐1次，从而使所加入的糖均匀地分布在发酵汁中。蓝莓果汁的含酸量相对较高，可达2.7%（以柠檬酸计），pH值为2.6左右，用$CaCO_3$来调整酸度。

（4）灭菌　经过调整成分的蓝莓汁必须进行杀菌处理（62～65℃，30min），这种做法一方面保证了杂菌的灭杀，从而易于酵母菌的快速繁殖，另一方面又能降低蓝莓中色素的分解及多种营养成分的流失。果汁杀菌之后应即刻装入经过消毒灭菌处理过的发酵罐中，注意容器不可充满，一般为其容积的80%左右。

（5）二氧化硫的使用　为了保证蓝莓果汁正常安全地发酵，将调整好的蓝莓果汁巴氏杀菌后进行二氧化硫处理。向果汁中添加亚硫酸，其中SO_2含量为50～60mg/L。

（6）发酵　将葡萄酒酿酒酵母于恒温培养箱中在25～28℃下培养48h左右进行活化，将活化好的菌液加入到蓝莓果汁中进行发酵。定期测定发酵液中总糖、总酸及酒精含量。

（7）陈酿　前发酵结束后，需要进行酒体、酒渣分离，以防止两者长时间接触而生成苦涩味。分离后，即进入后发酵阶段，酒液继续进行残糖发酵、产酯等过程。这时在酒液底部会产生一些被称为酒脚的沉淀物，也要及时将其除去，因为其中可能含有大量死亡的酵母菌体，从而影响酒液的良好风味或导致酒体浑浊不清。若酒度仍未达到所要求的酒度，可以用少量食用酒精调整酒精度，使蓝莓原酒的酒精度达到12%（体积分数）左右，以降低酒液中微生物的繁殖能力，从而保持原酒的良好品质。

（8）酒质调节　酒液澄清是酿制优质发酵酒关键的一步，透明度是发酵酒的产品标准之一，澄清透明的酒液会给人以美好的观感，刺激人们的饮酒欲望。经倒罐去除酒脚后，酒液中仍含有果胶、蛋白等物质，这些物质不易沉淀，使酒体浑浊不够清亮，可通过添加不溶性物质（一般被称为下胶），使以上物质形成胶体沉淀，通过过滤将其除去。经多次试验，可知该蓝莓原酒经2%明胶和3%单宁复合处理后获得了较好的澄清效果。

（9）无菌灌装　为保持蓝莓干酒特有的果味香气，需将精细过滤后的酒液进行无菌灌装。

（三）质量指标

（1）感官指标　具有蓝莓特有的香气、和谐清雅的酒香及果香；柔和纯正，浓郁醇香，回味绵长；蓝莓干酒特有风味，清澈透明有光泽，无杂质，呈诱人的宝石红色。

（2）理化指标　酒精度10%～12%，总糖（以葡萄糖计）2.5g/L，总酸（以柠檬酸计）4.5g/L，总二氧化硫≤250mg/L，游离二氧化硫≤50mg/L。

（3）微生物指标　沙门菌和金黄色葡萄球菌不得检出。

二十四、蜜橘果酒

（一）工艺流程

蜜橘鲜果→清洗剥皮→打浆→酶解→榨汁→灭酶→澄清→分离→调整糖度→接种→前发酵→后发酵→陈酿→净化、过滤→成品

（二）操作要点

（1）剥皮、打浆　为了减轻果酒的苦味，在榨汁前应去皮，以减少具有极苦味的柠碱物质带入果汁中。打浆时采用钝刀片低速打浆，避免打破橘籽，将柠碱混入果汁中。

（2）二氧化硫的使用　SO_2应分段合理使用，防止二氧化硫浓度过高或过低影响发酵的正常进行及果酒的品质。蜜橘榨汁后加入100mg/L二氧化硫，发酵结束后加入80mg/L二氧化硫，储存期间定时抽样测定果酒中游离二氧化硫，保持不低于50mg/L，装瓶前补加40mg/L。

（3）酶解　果汁中加入0.01%～0.05%果胶酶，于40～45℃保温3～4h。

加入果胶酶可降低果浆黏度，提高蜜橘出汁率。此外，果胶含量降低有利于果酒的澄清和酒体的稳定，同时也有利于苦味物质柠碱的沉淀。

（4）灭酶　灭酶温度控制在70℃左右。灭酶的主要目的是钝化果汁氧化酶和柠碱转化酶，防止果汁氧化及果汁中的酸和酶结合生成柠碱，同时又可以杀灭杂菌，防止发酵过程中的杂菌污染。

（5）果汁澄清　采用自然澄清的方法澄清果汁。果汁澄清的目的在于使发酵平稳、泡沫少，成品酒的滋味细腻、回味清爽。

（6）调整糖度　蜜橘果汁的糖度一般在12°Bx左右，要达到成品酒精度10%～12%，果汁糖度必须在18～22°Bx之间。用蔗糖一次性调整到发酵所需糖度。

（7）发酵　发酵所用酵母应采用活化了的新鲜猕猴桃斜面菌株进行扩大培养，用澄清果汁作培养基。如果用活性干酵母也必须添加50%左右的稀释果汁进行20～30min的活化处理，以保证酵母在果汁中的活力和发酵力。扩大培养好的酵母种子或处理好的干酵母需在果汁加二氧化硫后3～4h（具体视发酵容器的大小而定）再加入，以减小游离二氧化硫对酵母的影响。在采用猕猴桃酵母酿造干酒时，为了提高酒精度，降低残糖量，可适当添加一些含氮物质或生长素，增加酵母细胞数，加快发酵速度。发酵温度为20℃。

（8）陈酿　蜜橘果汁经前发酵、后发酵后，酵母及其他不溶性固形物凝聚沉淀形成酒脚，此时应及时倒罐，分离酒脚，以防止邪杂味带入酒中。干酒储存时应满罐储存，有条件可采用惰性气体来封罐。倒罐时不要用离心泵，避免引起果酒的氧化，同时减少倒罐次数和采取低温储存陈酿，以降低果酒氧化褐变程度，提高果酒品质。储存温度一般在15～20℃。

（9）净化、过滤　采用下皂土的方法进行果酒的净化。先以少量皂土制成7%～10%的皂土浆，倒入新酒中搅拌均匀，进行过滤。皂土添加量以0.08～0.1mg/L较好。过滤采用硅藻土过滤，以除去酒中的悬浮物，达到澄清稳定的目的。

（10）成品　酒液经过滤之后马上进行无菌灌装即为成品。

（三）质量指标

（1）感官指标　澄清透明，无悬浮物，无沉淀；浅黄或金黄色，具有蜜橘典型的果香和醇厚、清雅、协调的酒香；具有纯净、新鲜、爽怡口感，酒体醇正、完整，协调适口。

（2）理化指标　酒精度10%～12%，滴定酸（以酒石酸计）4～8g/L，挥发酸（以乙酸计）≤0.8g/L，总二氧化硫≤250mg/L，游离二氧化硫≤50mg/L，总糖（以葡萄糖计）≤4g/L，干浸出物≥14g/L。

（3）微生物指标　沙门菌和金黄色葡萄球菌不得检出。

二十五、沙田柚果酒

（一）工艺流程

柚果选择→剥取果肉→榨汁→改良果汁→装入发酵容器→接种酵母→酒精发酵→调制陈酿→澄清→装瓶灭菌→柚果酒

（二）操作要点

（1）沙田柚柚果选择要求　柚形完好，充分成熟，采后储藏40d以充分后熟，果肉可溶性固形物含量在14%～16%为佳。

（2）剥取果肉　一般用人工剥去外果皮，然后分瓣、去瓣囊、去核而取果肉。

（3）榨汁　用卧式螺旋榨汁机，对沙田柚果肉进行破碎榨汁，出汁率可达55%。果肉渣可酿制白兰地。

（4）改良果汁　榨取的沙田柚果汁含糖一般在12%～15%之间，而酿制酒精度14%左右的沙田柚果酒要求含糖应达20%左右，故对榨取的沙田柚果汁要进行改良。先在沙田柚果汁中加入0.02%的偏重亚硫酸钾，搅拌均匀，静置4～5h，以杀死沙田柚果汁中的杂菌，然后加入糯米酒酿，使果汁含糖达20%左右，并加入适量的柠檬酸使沙田柚果汁含酸达0.5%。

（5）酒精发酵　加入0.05%的果酒用活性干酵母，搅拌均匀，进行酒精发酵。活性干酵母在使用前应放入10%～15%的糖水中在25℃左右下进行活化2～3h。发酵时温度应控制在20～25℃，经12h就开始发酵，发酵旺盛期约5d，然后让其自然降温后再酵8d，一般发酵15d左右，当发酵液含糖降至1%左右时即可终止酒精发酵。

（6）调制陈酿　把发酵液移入置于阴凉处的大缸内，装满，然后在液面上洒一层沙田柚白兰地及适量蔗糖，密封陈酿半年以上。

（7）澄清　陈酿后的酒液一般会变得澄清透明，呈浅黄色，但有的也会出现悬浮物或沉淀物，要进行澄清处理。方法是在酒液中加入0.015%左右的明胶和0.01%左右的单宁，搅拌均匀，静置2～3d后过滤即可。明胶使用前应先用冷水浸泡12h，除去杂味，将浸泡水除去，重新加水，加热溶解后再加入。

（8）装瓶灭菌　澄清过滤后的酒液即可装瓶，然后在70℃下杀菌20min，冷却、贴标即得成品。

（三）质量指标

（1）感官指标　淡黄色，澄清透明，无悬浮物和沉淀物，味甘性凉，具特有的沙田柚果酒的芳香，酒体醇和丰满，酸甜适口。

（2）理化指标　酒精度为11%～13%，总糖（以葡萄糖计）≤4.5g/L，可溶性固形物≥15.3g/L。

(3) 微生物指标　沙门菌和金黄色葡萄球菌不得检出。

二十六、甜型黑加仑果酒

(一) 工艺流程

黑加仑→清洗→破碎榨汁→过滤→酶处理→成分调整→接种酵母→主发酵→渣液分离→陈酿→澄清→调配→灭菌→无菌灌装→成品

(二) 操作要点

(1) 原料选择　一般选取充分成熟的黑加仑作为酿酒的原料，此时可发酵糖含量高，产酒率高，单宁含量低。如果成熟度不够，压榨所得果汁的可溶性固形物含量较低，达不到发酵的要求；如果黑加仑果实过于成熟，其果肉和果皮极易染上细菌，给生产带来不便。

(2) 酶处理　果胶酶可以分解果实中的果胶物质，生成半乳糖醛酸和果胶酸，有利于果汁中固形物的沉降，提高出汁率。处理条件：果胶酶用量0.55%，温度35℃，时间3h，在此条件下出汁率可达88.53%。

(3) 成分调整　黑加仑果汁中含糖量为7.3%，若仅用原果汁发酵则酒精度太低。因此，应适当添加白砂糖以提高酒精度，使果汁含糖量为60%。

(4) 发酵　向黑加仑汁中接入活化好的活性干酵母，进行酒精发酵。最适发酵条件：当黑加仑汁中二氧化硫的添加量为50mg/L，酵母菌接种量为4%，30℃下发酵7d，最终酒精度可达13%。发酵结束后要尽快进行渣液分离，防止因为酵母菌自溶引起的酒质下降。

(5) 陈酿　经过主发酵所得的果酒，口感、色泽均较差，需经过一定时间的陈酿，酒的品质才能进一步提高。在陈酿过程中，应定期进行检测，以确定后发酵是否正常进行。一般温度控制为15～18℃。陈酿过程是一系列复杂的生化反应，酵母继续分解残糖，氧化还原和酯化等化学反应以及聚合沉淀等物理化学作用都在进行，可使芳香物质增加和突出，不良风味物质减少，蛋白质、单宁、果胶物质等沉淀析出，从而改善果酒的风味，使得酒体澄清透明、酒质稳定、味柔和醇正。陈酿时间约3个月。

(6) 澄清　为提高酒的稳定性和透明度，采用澄清剂或膜分离等方式对黑加仑果酒进行澄清处理。

(7) 灭菌　采用瞬时杀菌法进行灭菌，除去果酒中的微生物，以达到食用果酒的卫生要求。

(三) 质量指标

(1) 感官指标　呈深宝石红色，澄清透明，具有典型的黑加仑果香、花香和酒香等；酒体丰满，酸甜平衡、爽利、轻快。

（2）理化指标　酒精度13%，残糖（以葡萄糖计）45.6g/L，总酸（以酒石酸计）16.8g/L。

（3）微生物指标　沙门菌和金黄色葡萄球菌不得检出。

二十七、提子果酒

（一）工艺流程

提子→分选→清洗、破碎→糖化→前发酵→后发酵→原酒除涩→过滤→灭菌→包装→成品

（二）操作要点

（1）原料处理　剔除原料中的枝叶杂质，经清水清洗、沥干、破碎、去籽。

（2）糖化发酵　按破碎好的物料质量加入0.4%左右的根霉曲，充分拌匀后，注入发酵罐，让其糖化24h，同时使根霉曲中的酵母增殖。糖化完毕后视汁液中含糖分多少加适量水，要求进入初期发酵的物料糖度不低于13%，若糖分不足，可补加砂糖。采用低温发酵，控温20℃左右，发酵20d。

（3）榨酒、除涩　发酵成熟后进行压榨，渣子经蒸馏作白兰地备用。按每100kg酒加入15g左右明胶，先将明胶用清水浸泡12h，置水浴中加热融化，加少量待处理的酒，搅匀后倒入大罐内，充分搅拌，让其自然澄清1个月以上，然后过滤打入酒坛中，存3个月以上。

（4）过滤、灭菌　将除去单宁后的发酵原酒与滤渣蒸馏的白兰地及精制糖浆进行调配，使其达到设计要求，然后过滤，采用巴氏杀菌灭菌。

（5）成品　灭菌冷却后的酒液立即进行无菌灌装即为成品。

（三）质量指标

（1）感官指标　宝石红色，清亮透明，酒香醇正，果香清新舒适，酸甜爽口。

（2）理化指标　酒精含量8%～12%，总酸含量≤1g/100mL，总糖含量2～15g/100mL，可溶性固形物含量（折射率）≥8%。

（3）微生物指标　沙门菌和金黄色葡萄球菌不得检出。

二十八、松针香橙抗氧化功能果酒

（一）工艺流程

马尾松针粉碎→浸提→过滤→滤液 ——↓

香橙去皮做橙汁→酶解→过滤→滤液→混合→成分调整→灭菌→添加酵母→发酵→离心澄清→灭菌→成品

（二）操作要点

（1）材料预处理　选择新鲜的香橙，去皮后榨汁，果汁中加入0.1%果胶酶，以45℃酶解1h，过滤取清液待用。挑选新鲜、无腐烂、无虫害的马尾松松针，去除枯叶与叶柄，自来水清洗，避光阴干，剪为约1cm长后用中药粉碎机粉碎，以1∶40（g/mL）的料水比，80℃水浴提取70min，过滤取清液待用。

（2）成分调整、灭菌　将橙汁和松针提取液按1∶1混合均匀，分装至250mL锥形瓶中，每瓶200mL，用白砂糖调节至适宜的初始糖度后，用高压蒸汽灭菌锅在100℃下灭菌30min。

（3）酒精发酵　用温水把酒曲中的酵母活化后，按2%接种到灭菌后的发酵原液中，并放入22℃的恒温培养箱中进行酒精发酵7d。

（4）离心澄清　把发酵后的松针香橙复合果酒以4000r/min离心10min，取上清液，以蒸馏水为对照在650nm波长下测透光率。

（5）灭菌　离心澄清后的酒液在70～80℃温度下灭菌30min。

（6）成品　灭菌冷却后的酒液立即进行无菌灌装即为成品。

（三）质量指标

（1）感官指标　酒体颜色鲜艳通透，有松针、香橙特有的香味和滋味，口感怡人，醇厚柔和，爽口。

（2）理化指标　酒精度13.5%，总酸5.7g/L，总糖5.8g/L。

（3）微生物指标　细菌总数≤100cfu/mL，大肠菌群≤6MPN/100mL，致病菌不得检出。

二十九、猕猴桃干酒

（一）工艺流程

猕猴桃→挑选→清洗→破碎→酶解→榨汁→澄清→发酵→倒罐→后发酵→澄清→过滤→成品

（二）操作要点

（1）原料要求　选用八分成熟、发软的果实，可溶性固形物含量应达6.5%以上方可使用。

（2）二氧化硫的使用　猕猴桃在破碎时易被空气氧化而使维生素C损失，颜色变褐，在破碎时加入一定量的二氧化硫能抑制多酚氧化酶的活性，降低果汁褐变和维生素C损失，同时还对果汁有杀菌和促进澄清的作用。二氧化硫最佳添加量为50mg/kg。

（3）酶解　用果胶酶处理破碎的果汁可以降解可溶性的果胶分子，从而提高出汁率，并且果胶酶的加入还有利于原酒的澄清。果胶酶的最佳用量应为100mg/kg，在40～45℃的温度下酶解4h。

（4）果汁澄清　在生产上使用的澄清剂有多种，本产品生产过程中琼脂作为澄清剂，琼脂用量为1%时，可得到较好的猕猴桃清汁。

（5）发酵　添加0.06%的安琪葡萄酒酵母，在25℃条件下发酵，糖的添加量为220g/kg。

（三）质量指标

（1）感官指标　色泽黄绿，果香浓郁，口味协调，酒体厚实。

（2）理化指标　酒精度11%～12%，总糖≤4g/L，总酸（以酒石酸计）6～7g/L，二氧化硫≤15mg/L。

（3）微生物指标　沙门菌和金黄色葡萄球菌不得检出。

三十、蓝靛果忍冬酒

（一）工艺流程

鲜蓝靛果→漂洗→去杂、破碎→果浆（补糖）→入桶（添加二氧化硫）→低温发酵→分离、压榨→压榨酒→后发酵→倒桶→下胶澄清→冷冻→过滤→陈酿→发酵原酒→调配→过滤→灭菌→灌装

（二）操作要点

（1）果实破碎　果实经漂洗去杂后，用不锈钢打浆机破碎成2～3mm果浆，倒入已灭菌的发酵桶中，入料量为容积的60%。

（2）调糖、接种　果浆装入发酵桶后加入60mg/kg二氧化硫，搅匀，密封处理10h，补加糖液至22%（可分批添加），加入已活化的酵母。

（3）发酵　主发酵控制温度18～25℃，每天搅拌2次，并测定温度、测定可溶性固形物含量及pH变化，发酵10～14d。主发酵结束，残糖不再降低，进行渣汁分离，放出自流酒和压榨酒，按5：1进行混合，用蓝靛果白兰地或食用酒精调整酒精含量至7%～10%，密封，后发酵60d，保持后发酵温度16～18℃，期间进行2次倒桶去掉酒脚，第1次倒桶在渣汁分离后10d，第2次倒桶在40d左右进行。

（4）储存陈酿　后发酵结束，进行第3次倒桶，下胶澄清，明胶用量为70～90g/L。冷冻后过滤，以保持酒体稳定，然后转入大缸，添满，调酒精含量至10%～14%，陈酿3个月以上。

（5）原酒调配　调配时按配方设计进行，应补加糖、补酸。

（6）成品　调配完成后的酒液经巴氏杀菌，冷却后立即进行无菌灌装即为成品。

（三）质量指标

（1）感官指标　酸甜适口，清澈透明，颜色为宝石红色，具有蓝靛果特有的风味，酒香醇厚，果香浓郁，协调诱人，风格独特。

（2）理化指标　酒精度11%～14%，糖含量4%～12%，总酸含量0.3～0.8g/100mL。

（3）微生物指标　沙门菌和金黄色葡萄球菌不得检出。

三十一、乌饭树果酒

（一）工艺流程

乌饭树果实→清洗→热烫→榨汁（分别得到果汁和果渣）→接种→发酵→混合→陈酿→灭菌→成品

（二）操作要点

（1）酵母的制备

果汁发酵用酒母制备：取大约40g的成熟果实榨汁。果汁加入8°Bé的曲汁中（果汁：曲汁＝1：1），然后置于90℃的水浴锅中，3min后取出，冷却至室温，接入1%As. 2. 364酵母，28℃培养14h。

果渣发酵用酒母的制备：取压榨后的果渣装入250mL三角瓶中，加入100mL 8°Bé的曲汁，于90℃水浴锅中，巴氏灭菌3min，冷却至室温，接入1%上述酵母，28℃培养14h。

（2）发酵前果汁成分的调整及前发酵

果汁发酵前：用蔗糖、柠檬酸对果汁成分进行调整，使其达到含糖25%、pH4.5左右，90℃巴氏杀菌3min，冷却至室温，分别按5%接种量加入上述酵母，于28℃恒温发酵。

果渣前发酵：在果渣中加入等质量的24°Bx糖液、0.5%硫酸铵、0.1%磷酸二氢钾、0.3%柠檬酸，90℃巴氏杀菌3min，冷却后分别按5%接种量加入上述酵母，于28℃发酵。

定期观察发酵情况，10d后发酵基本完毕。

（3）后发酵及处理　将果渣发酵酒进行蒸馏，得果渣白兰地。用同菌种发酵的果渣白兰地和果汁发酵酒混合，调配至酒精含量8%左右。

混合后的果酒进行冷热交替处理，把混合酒置于50℃下，保温5d，再置于4℃条件下连续处理5d。

（4）静置澄清和陈化　经过滤分离后的酒液，还有少量微细的固形物、酒脚，静置5～10d进行澄清、陈化后过滤。过滤时用吸滤法吸取上层酒液，下层酒液及沉淀物可用离心分离或抽滤法过滤。弃沉淀，两液合并，澄清过滤后即可无菌灌装。

（三）质量指标

（1）感官指标　具有乌饭树果实香和酵母的发酵香气，香气馥郁而协调，色泽紫红，酒体纯正优雅、清新爽净。

（2）理化指标　酒精度8%～9%，总酸（以柠檬酸计）11g/L，总糖（以葡萄糖计）11g/L。

（3）微生物指标　沙门菌和金黄色葡萄球菌不得检出。

三十二、石榴糯米酒

（一）工艺流程

石榴→清洗、剥壳→漂洗→去皮、除隔膜→压榨→石榴汁
↓
糯米→清洗→浸泡→蒸煮→冷却→落缸→拌曲→保温发酵→榨酒→澄清→成品
↑
果酒活性干酵母→复水活化

（二）操作要点

（1）石榴汁的制备　选择成熟度好、颜色鲜红、无病虫害、无腐烂、无机械损伤的石榴，采用手工剥壳、去膜，并尽可能使石榴籽粒与隔膜分离，然后压榨，浆液过滤后用胶体磨磨成细浆液，加入100mg/L的SO_2，以提高果汁澄清度，减少单宁和色素的氧化。为提高出酒率和澄清度，可加入质量分数为0.6%的果胶酶。

（2）糯米的清洗、浸泡、蒸煮、冷却、拌曲　选择颗粒饱满、米色洁白的糯米清洗干净，按糯米与水的质量比1∶2加水浸泡15～20h，至手搓米粒可成粉末即可蒸煮。蒸煮应做到外硬、内无白心、疏松不糊、透而不烂、均匀一致。然后用淋冷的方式冷却至31～32℃，落缸。加入1%的酒药，搅拌均匀，将米饭中央搭成倒喇叭状的凹圆窝，再在上面撒一些酒药粉，这样有利于通气均匀和糖化的进行。密封开始发酵。

（3）酵母活化、保温发酵　用酵母10倍质量、35～40℃水溶解活性干酵母，搅拌均匀后活化20～30min。

（4）发酵　当酿窝中糖化液达到2/3左右时，加入澄清的石榴汁和活化后的果酒酵母，搅拌均匀，放入恒温培养箱中，30℃条件下发酵。

（5）榨酒　发酵120h后即可榨酒。

（6）澄清　在0～4℃条件下静置澄清7～10d。

（7）成品　澄清后的酒液立即进行无菌灌装。

（三）质量指标

（1）感官指标　色泽红润鲜亮，石榴香浓郁，醇厚丰满。

（2）理化指标　酒精度7.2%，总酸0.46g/100mL，总糖0.38g/100mL。

（3）微生物指标　沙门菌和金黄色葡萄球菌不得检出。

三十三、狗枣猕猴桃果酒

（一）工艺流程

鲜果→清洗破碎→榨汁→灭菌→果胶酶→成分调整→发酵→灭菌→澄清→过滤→灌装→成品

（二）操作要点

（1）果汁提取　鲜果破碎后，因果浆中含果胶而呈黏性糊状，内含自动流动的果汁很少，很难压滤，出汁率极低，经果胶酶处理后，可明显提高果汁得率，出汁率可从50%～55%提高到75%以上。榨取的果汁先经瞬间热处理（85℃，1～2min），可使果汁所含的蛋白酶、多酚氧化酶等酶类钝化失活，否则这些酶会引起后来添加的果胶酶的部分失活，直接影响脱胶效果及发酵、澄清效果。

（2）酿酒酵母的选择　菌种的选择关系到猕猴桃酒的质量，一般果酒酵母比猕猴桃酒专用酵母风味要差些。

（3）发酵温度　采用低温发酵，控制发酵温度20～22℃左右，发酵酒质较好。

（4）添加抗氧化剂　国内外酿造葡萄酒广泛采用二氧化硫作为抗氧化剂，可有效地防止葡萄酒发生褐变、产生氧化异味。在猕猴桃榨汁及酿造过程中采取分批添加少量二氧化硫，既可保护酒中抗坏血酸，又能防止酒质褐变氧化，改善果酒宜人的芳香和色泽。若一次性添加的二氧化硫浓度过高时，会破坏维生素C，酒质也会发生褐变，产生氧化味，失去原有的果香。

（5）果酒澄清　发酵完毕经灭菌后的果酒因含有果胶、蛋白质等物质而显得浑浊，可用1%明胶或0.7%JAI澄清剂进行澄清。

（6）果酒储存　发酵澄清后的果酒，最好采用避光、低温、密闭储存，有利于保存抗坏血酸等有效成分，可防止酒质产生褐变氧化。

（7）成品　新酒经一年陈酿，酒体变得醇和，果香明显，过滤后即可进行无菌灌装得成品。

（三）质量指标

（1）感官指标　微黄带绿，澄清透明，纯净柔和，酸甜适中，果香浓郁，具猕猴桃酒的典型风格。

(2) 理化指标　酒精度8%～13%，总糖（以葡萄糖计）≤5g/L，总酸（以柠檬酸计）6～8g/L，挥发酸（以乙酸计）≤1g/L。

(3) 微生物指标　沙门菌和金黄色葡萄球菌不得检出。

三十四、山莓果酒

（一）工艺流程

原料→挑选→清洗→破碎→护色→成分调整→控温发酵→下胶→过滤→调配→灌装→杀菌→成品

（二）操作要点

(1) 原料处理　挑选成熟度较高、色泽鲜艳、颗粒饱满、无霉变、无病虫害的新鲜山莓，去除叶、梗等杂物，用流动清水冲洗干净，用组织捣碎机破碎打浆。

(2) 护色　为抑制杂菌生长繁殖，打浆后立即加入20mg/kg二氧化硫护色。

(3) 成分调整　为了使发酵更好地进行，并且保证发酵后的成品果酒中保持一定的糖度和酒精度，添加蔗糖至165g/L。

(4) 控温发酵　在经过成分调整的发酵液中加入4%的活化酵母液，然后放入生化培养箱中，在28℃温度下使其发酵。定期测定其酒精度、糖度和酸度的变化，保证发酵顺利进行。

(5) 下胶　酒液中的蛋白质大分子带正电荷，而皂土带负电荷，1.5%皂土的加入可以吸引大分子蛋白质凝聚在一起形成沉淀，并在沉淀过程中将酒液中其他悬浮颗粒一起沉淀下来，达到澄清的目的。

(6) 调配　先测定酒液的酒精度、糖度和酸度，然后按照质量标准要求进行调配，使得最终产品的各理化指标符合果酒的质量标准。

(7) 灌装、杀菌　酒瓶清洗干净、沥干后就可以灌装，然后杀菌。杀菌条件：温度60～65℃，时间20～25min。

(8) 成品　杀菌冷却后的酒液即为成品。

（三）质量指标

(1) 感官指标　果酒色泽淡红，清亮透明，酸甜爽口，醇厚柔和，酒体完整，具有山莓独特的果香气。

(2) 理化指标　酒精度10%～12%，总酸（以柠檬酸计）7～9g/L，总糖（以葡萄糖计）6～8g/L。

(3) 微生物指标　沙门菌和金黄色葡萄球菌不得检出。

三十五、番石榴汁茶酒

（一）工艺流程

茶→浸提→过滤→茶汤＋白砂糖

↓

番石榴→切块→榨汁→番石榴汁→冷却→已活化酵母、接种→主发酵→过滤→原酒→陈酿→澄清→灌装→杀菌→成品

（二）操作要点

（1）茶叶的选择　选择香味浓郁、无异味的茶叶。

（2）茶汤制备　采用超声波辅助提取茶汤，功率750W，总作用时间25min（每次作用12s，间歇2s），经270目试验筛过滤后得滤液，冷却后待用。

（3）番石榴汁制备　将新鲜番石榴洗净、去蒂、切块、榨汁备用。

（4）发酵液的配制　按要求在茶汤中加入5%蔗糖、5倍的番石榴汁，放凉备用。

（5）酵母活化　将酵母以1∶20的比例加入到升温至38℃的番石榴果汁中进行活化，搅拌溶解后，静置30min，冷却至28～30℃即可使用。

（6）接种　在待发酵液中，加入活化好的酵母液。

（7）主发酵　26℃恒温发酵3d，期间定时排气，发酵至产气基本停止为止。

（8）陈酿（后发酵）　主发酵结束后过滤，陈酿1个月左右。

（9）澄清　加入0.2g/L的明胶进行澄清。

（10）成品　将酒液灌装于玻璃瓶中，巴氏杀菌后即得成品。

（三）质量指标

（1）感官指标　透明发亮，有原茶汤色，无沉淀；酒香怡人，有番石榴果香和茶香；口感柔和，口味协调，茶味适中，较为醇和；典型完美，风格独特，优雅无缺。

（2）理化指标　酒精度8%～9%，总酸度（以柠檬酸计）4～5g/L，残糖（以葡萄糖计）≤3.5g/L。

（3）微生物指标　沙门菌和金黄色葡萄球菌不得检出。

三十六、菠萝果酒

（一）工艺流程

菠萝→分选→洗涤→破碎→压榨→果汁→成分调整→主发酵→后发酵→陈酿→过滤→装瓶→成品

（二）操作要点

（1）原料选择　选用八九成熟的无病虫害且无霉烂变质的新鲜菠萝果实。

（2）原料处理　采用全果可先去一层薄皮（凸起来的棱线），清洗、除杂后破碎，连同渣一起榨汁，加入亚硫酸钠进行抑菌，根据不同的要求进行糖、酸调整。生产菠萝干酒发酵初始糖度为20～22°Bx、酸度0.8%，生产半干酒或半甜型酒应适当调整，糖质可分批加入，以免过浓影响酵母发酵。

（3）发酵与陈酿　发酵容器要先洗净、消毒，再倒入调整好的菠萝汁，倒入培养好的菠萝酒专用酵母（从自然发酵的菠萝汁中选育），种子用量为3%～5%，发酵温度24～28℃，以低温缓慢发酵为好。主发酵7d左右，更换容器，除去酒脚，进入后发酵，后发酵时间约为1个月，然后陈酿。发酵酒精度（体积分数）应在12%以上。陈酿期间可用净化食用酒精对酒精度进行调整。

（三）质量指标

（1）感官指标　色泽橙黄，晶亮透明，果香宜人，酸甜适口，满口留香。

（2）理化指标　酒精度12%～16%，糖含量4%～8%，酸含量0.5%～0.8%。

（3）微生物指标　沙门菌和金黄色葡萄球菌不得检出。

三十七、红菇娘酒

（一）工艺流程

原料分选→清洗、破碎→榨汁→果浆→调整成分→主发酵→后发酵→下胶澄清→陈酿→冷处理→过滤→杀菌→包装→成品

（二）操作要点

（1）原料选择与处理　要求发育良好、成熟、颜色鲜红的果实，剔除霉烂和有虫害的果实，剥去外皮，然后用流动水充分洗涤，洗净后于冷库中进行冷藏，温度在－5～10℃。

（2）破碎与榨汁　洗净的红菇娘用打浆机打浆，为抑制杂菌生长繁殖、抗氧化、改善果酒风味和增酸，在此期间，添加100mg/L的亚硫酸和适量果胶酶。处理后的果浆泵入调配装置进行调配。

（3）调整成分　将蔗糖、柠檬酸等其他辅料溶解后送入到调配罐中进行调配，用柠檬酸调节pH为3.3～3.6，蔗糖调糖度（按生成1%酒精需要17g/L糖添加），调配后进行搅拌。

（4）主发酵　调配好的果酒直接加入发酵罐，发酵醪不超过罐容积的2/3。在酸浆汁中加入活性酵母（酵母接种量为1.5%），发酵温度为23℃，一般发酵

5～7d。

(5) 后发酵　主发酵之后需要有后发酵过程，主要是为了降低酸度，改善酒的品质。后发酵期间加强管理，保持容器密封、桶满，使原酒在10～15℃保持60d左右，然后过滤除去杂质。

(6) 下胶澄清　在室温18～20℃条件下，用0.5%蛋清粉与1%皂土制备的下胶液作为澄清处理剂。

(7) 均衡调配　根据成品酒的质量要求及相应的风味和口感，需对红菇娘原汁进行适当的调整和处理，如果生产甜酒，需添加白砂糖。

(8) 冷处理　冷处理方式采用直接冷冻，控制温度于－5～6℃，用板框式过滤机趁冷过滤。

(9) 杀菌　置于70℃的热水中杀菌20min后冷却，即为成品。

（三）质量指标

(1) 感官指标　橘红色，偏黄；醇和清香，微苦适口，澄清透明，无悬浮物，无沉淀物；具有醇正、清雅和谐的果香及酒香；具有新鲜红菇娘果实所固有的典型风格以及酸浆果酒的醇厚质感。

(2) 理化指标　酒精度（体积分数）11%～13%，总糖（以葡萄糖计）0.2～0.4g/100mL，总酸（以苹果酸计）0.6～0.8g/100mL，总二氧化硫≤20mg/L，干浸出物≥17g/L。

(3) 微生物指标　沙门菌和金黄色葡萄球菌不得检出。

三十八、石榴酒

（一）工艺流程

石榴采收→分选→去皮→榨汁→成分调整→澄清杀菌→前后发酵→下胶→原酒→半成品→陈酿→后处理→成品

（二）操作要点

(1) 石榴原料　用石榴酿酒，因品种、产地、成熟度不同，对成品酒风味影响很大。石榴较耐储藏，一般可窖藏1～2月，温度控制在5～10℃，相对湿度85%～90%。

(2) 人工去皮　石榴皮中含有大量的单宁，如不将其除去而混入发酵醪中，会使发酵醪中单宁的浓度过高，从而阻碍酵母发酵。石榴皮质坚硬，且有内膜，籽粒易破碎，故难以用机械去皮，一般仍用人工去皮。

(3) 压榨取汁　采用气囊式压榨机，这样可避免将内核压破，因内核中含有脂肪、树脂、挥发酸等物质，会影响石榴酒的风味。可将果核加糖发酵后进行萃取，萃取液供勾兑调配时使用。

（4）成分调整　可用加糖或浓缩两种方式，一般采用一次加糖法较多。用酒石酸调整酸度，每1kg石榴汁中需添加180g酒石酸。亦可用柠檬酸调整酸度。若石榴汁酸度过高，可用碳酸钙降酸。

（5）澄清杀菌　石榴汁在发酵前应做澄清和杀菌处理。澄清剂可用3%膨润土，并加入二氧化硫杀菌，一般用量为100mg/L。

（6）接种、发酵

① 石榴酒专用酵母的选育。采集国际名种石榴玉石籽表皮的野生酵母，选育后与其他酵母进行杂交，诱变成新型酵母。其发酵力超过任何其他酵母，对乙醇和二氧化硫的抵抗力比其他酵母强得多，且能生成更多的酒精。

② 发酵。主发酵过程进行3次倒罐，使发酵液循环流动，便于通风，并且可以充分提取石榴膜皮中的芳香成分。发酵温度控制在26～28℃，当糖分下降，相对密度达到1.020左右时即分离发酵液上面的石榴内膜皮，需4～5d。此时获得的酒色泽鲜艳，爽口、柔和，果香较好，且保存性能良好。如果石榴内膜皮浸在发酵液内待发酵到糖分全部变成酒精，酿成的酒的酒体较粗糙涩口，发酵时间也会延长到6～7d。

（7）后期管理　待发酵液相对密度降至1.020左右时，即可将新酒放出，送往密闭的储酒罐中，换罐时不要与空气过多接触。在后期的储存中应注意换罐，满罐及时下胶，随时观察品尝。

（三）质量指标

（1）感官指标　红色，澄清透明，有光泽，无沉淀物，无悬浮物，酸甜适中，醇厚丰满，微带涩味。

（2）理化指标　酒精度10%～12%，总酸4～7g/L，糖度≥40g/L，二氧化硫残留量≤0.05g/L，干浸出物含量≥15g/L。

（3）微生物指标　沙门菌和金黄色葡萄球菌不得检出。

三十九、桑葚蜂蜜果酒

（一）工艺流程

蜂蜜、桑葚汁调配→加营养盐→杀菌接种→发酵→过滤→灌装→灭菌→陈酿→成品

（二）操作要点

（1）发酵液的调配　按蜂蜜：桑葚汁：水＝3：1：8比例配制发酵液，含糖控制在22%～24%，并用50%柠檬酸溶液将pH调至3.3～3.5。

（2）加营养盐　为促进酵母的繁殖，可在发酵液中加适量铵盐和磷酸盐，以补充氮、磷等，有利于酵母的繁殖。

（3）杀菌　蜂蜜水溶液中含有害微生物甚多，为了保证发酵质量，也可将调好的发酵液加热至80℃，保持15min，以杀灭杂菌。

（4）接种、发酵　把预先活化好的葡萄酒活性干酵母加入发酵液，搅拌均匀，密封发酵。发酵条件：18～22℃，5～7d。

（5）过滤　发酵完毕，将上部澄清液用虹吸管吸出，用板框过滤机过滤下部浑浊液，除去酵母菌残体及其他杂质，将澄清液和过滤液混合，经硅藻土过滤机过滤。

（6）灌装和灭菌　灌装后灭菌。灭菌条件：75～80℃，20min。

（7）陈酿　置阴凉场所陈酿，经过3～6个月后进行无菌灌装，即可销售。

（三）质量指标

（1）感官指标　澄清，透亮，无浑浊；酒质柔顺，口感协调，果香酒香纯正、浓郁；具有桑葚酒特有的风味；鲜艳悦目，有光泽。

（2）理化指标　酒精度10%～12%，挥发酸（以乙酸计）≤1.5g/L，总糖（以葡萄糖计）9～18g/L，干浸出物≥7.0g/L，总二氧化硫≤250mg/L。

（3）微生物指标　沙门菌和金黄色葡萄球菌不得检出。

四十、毛酸浆果酒

（一）工艺流程

原料→挑选→清洗→破碎→酶解→调整糖度→酒精发酵→过滤→澄清→调配→精滤→杀菌→灌装→封口→冷却→成品

（二）操作要点

（1）毛酸浆的预处理　选取粒大饱满、无霉变的毛酸浆鲜果，先去外层薄膜，用清水洗涤后得颜色鲜艳的毛酸浆。采用无损伤破碎法将其破碎，加入20mg/kg SO_2 以杀死或抑制杂种细菌，以毛酸浆原浆作为发酵原料。

（2）酶解　破碎好的毛酸浆按其质量的0.1%称取果胶酶，将其置于35℃活化10min，加入到毛酸浆汁中。

（3）调整糖度　根据酒精发酵基本条件，采用低糖原果汁直接发酵法来调整糖度，使发酵顺利进行。

（4）酒精发酵　采用液态发酵法，首先要活化丹宝利酿酒高活性干酵母，加10倍水在30℃下活化30min，将活化后的菌种接入毛酸浆汁中发酵，直至酒精度不再上升，菌种消耗殆尽，剩余残糖质量分数少于1%为发酵终点。

（5）澄清　选取1.5%明胶和1%单宁复合澄清，得到最佳的果酒状态。

（6）调配　将发酵好的原酒测得酒精度和残糖量，将之调配到标准的果酒。

(7) 杀菌　采用在65℃下，进行巴氏杀菌20min，杀死酒中存在的残留酵母以及其他杂菌。

(8) 成品　杀菌冷却后的酒液，立即进行无菌灌装即为成品。

(三) 质量指标

(1) 感官指标　澄清透明，有光泽，无明显悬浮物，具有纯正、浓郁、优雅和谐的毛酸浆果香与酒香，诸香协调，酒体丰满、完整，回味绵长，醇厚协调，微酸适口，口味优美、舒顺。

(2) 理化指标　酒精度10%～12%，总糖（以葡萄糖计）≤5g/L。

(3) 微生物指标　沙门菌和金黄色葡萄球菌不得检出。

四十一、椪柑果酒

(一) 工艺流程

椪柑果汁→酶处理→离心过滤→添加 SO_2→糖度调整→调酸→灭菌→接种→发酵→陈酿→椪柑果酒

(二) 操作要点

(1) 酶处理　添加0.15%（体积分数）果胶酶、0.2%（体积分数）果浆酶于椪柑果汁中，充分搅拌均匀后，置于45℃恒温水浴中酶解90min。

(2) 离心、过滤　将酶解后的果汁转入离心杯中，在4000r/min中离心10min，用纱布过滤得到澄清的果汁。

(3) SO_2 的添加　在离心过滤后的滤汁中立即添加偏重亚硫酸钾，以防止氧化及杂菌生长，二氧化硫添加量一般为60～100mg/L。

(4) 糖度调整　椪柑果汁糖度一般为9%～10%，若仅用果汁发酵则酒精度较低。要达到发酵酒精度9%～10%，椪柑果汁糖度应在20%～22%之间，用蔗糖一次性调整到发酵所需糖度。

(5) 调酸　适度调整果汁酸度在酵母生长最适初始pH值范围内。

(6) 灭菌　采用巴氏灭菌法，80℃、15min。

(7) 酵母活化　配制成5%的酵母活化液，在32℃恒温水浴中活化90min，待用。

(8) 恒温发酵　在椪柑果汁中接入2%的活化酵母，在恒温条件下进行发酵，每天测定糖度，观察浆汁液表面变化，以保证发酵正常进行。

(9) 陈酿　将发酵后果酒在较低温度下陈酿1～3个月，以改善椪柑果酒的风味。

(10) 成品　陈酿之后的果酒进行无菌灌装即为成品。

（三）质量指标

（1）感官指标　色泽橘红，清亮透明，果香浓郁，酸甜适口，回味余长。

（2）理化指标　酒精度 9%～10%，酸度（以柠檬酸计）6～7g/L，总糖（以还原糖计）<4g/L。

（3）微生物指标　沙门菌和金黄色葡萄球菌不得检出。

四十二、血橙果酒

（一）工艺流程

血橙→原料的选择→去皮、榨汁及调配→灭菌→加果酒酵母→前发酵→后发酵→陈酿→过滤→澄清→灌装→灭菌→成品

（二）操作要点

（1）榨汁与调配　选用成熟无病虫害、无霉烂、新鲜血橙，清洗、去皮、榨汁，用纱布过滤，果汁糖度、酸度测定，用蔗糖调节糖度至 20%～22%，用柠檬酸和碳酸钙调节 pH 至 4 左右。

（2）安琪葡萄酒用高活性酵母活化　称取葡萄酒活性干酵母（按果汁计：0.2g/L）于 10 倍体积的 4%葡萄糖水溶液中，35℃活化 20～30min。

（3）发酵

主发酵：向调配好的血橙汁中加入活化酵母液，在 25℃条件下发酵 5～7d，糖度为 5%～7%，酒精度为 10%～12%，主发酵结束。

后发酵：将经过主发酵后的发酵醪用 4 层纱布过滤，同时滤液混入一定量空气，部分休眠的酵母复苏，在 25℃条件下发酵 10～14d，糖度降至 50g/L 左右，发酵结束。

（4）陈酿　在 5～10℃条件下陈放 20～40d，使部分悬浮物质沉淀析出，酒体醇厚感增强。

（5）澄清与过滤　将用热水溶解的 1%壳聚糖、0.5%明胶和 0.5%鸡蛋清加入陈酿后的果酒中，室温下每隔 6h 搅拌 1 次，放置 72h 后真空微孔膜（0.22μm）过滤除去酒体中的悬浮物。

（6）装瓶与杀菌　将果酒分装于玻璃瓶中，密封，在 70～75℃条件下杀菌 10～15min。

（三）质量指标

（1）感官指标　透明的红色，酸度适中，酒体醇厚，香气怡人，符合大众口味要求。

（2）理化指标　酒精度 8%～10%，总糖（以葡萄糖计）含量 40～46g/L，

总酸（以酒石酸计）4～8g/L。

（3）微生物指标 沙门菌和金黄色葡萄球菌不得检出。

四十三、砂糖橘发酵酒

（一）工艺流程

选料→榨汁→调配→发酵→装瓶→杀菌→成品

（二）操作要点

（1）选料 选择充分成熟、含糖量较高的新鲜砂糖橘为原料。

（2）榨汁 先将砂糖橘利用清水冲洗干净并沥干水分，然后去皮捣烂榨汁。榨出的果汁用纱布过滤。滤出的果汁倒入搪瓷缸或铝锅中，加热至70～75℃，保持20min左右备用。注意果汁不能用铁锅存放和加热，以免发生反应，影响酒的品质和色泽。

（3）调配 待果汁冷却澄清后，用虹吸管吸出上层澄清液，放入经过消毒杀菌的搪瓷缸或瓷坛内。加入纯净白糖将果汁含糖量调整到20%～22%，随即加入3%～5%的酒曲。为防止酸败可加入少量亚硫酸钠，其用量以每100kg果汁加11～12g为宜。

（4）发酵 调配好的果汁充分搅拌均匀后，置于25～28℃的环境中进行酒精发酵，15d后，用虹吸管吸入另一缸或坛内，并按果汁量的10%加入蔗糖，待蔗糖溶解后，倒入锅内煮沸，冷却后用纱布过滤，盛入缸内。这时酒的度数不高，可按要求加入白酒进行调整，然后封缸，在常温下陈酿60d后即可装瓶饮用。陈酿的时间越长，味道和品质越好。

（5）装瓶、杀菌、储存 将酒装入干净的酒瓶，用封口机进行封口，在70℃的温度下杀菌10～15min。砂糖橘酒的储存适宜温度为5～25℃，因此应在阴凉干燥处存放。

（三）质量指标

（1）感官指标 颜色橙黄，清亮透明，有独特的柑果香，酒香浓郁，香甜柔和，无异味杂味。

（2）理化指标 酒精度9.5%～12%，糖含量15～22g/L。

（3）微生物指标 沙门菌和金黄色葡萄球菌不得检出。

四十四、莲雾果酒

（一）工艺流程

莲雾果实→清洗→破碎→酶解→榨汁过滤→主发酵→酒渣分离→陈酿→澄

清→调配→成分分析

（二）操作要点

（1）清洗　将莲雾放入1%的盐酸溶液中浸泡15min，去除残留农药，再用清水冲洗干净，去除果梗，晾干。

（2）酶解　将500g莲雾切成小块放入水果破碎机中，加入250mL超纯水制得果浆。调节pH值到4.0后，向果浆中添加果胶酶，充分搅拌均匀后，放入60℃水浴中保持1.5h。然后对果浆过滤榨汁。

（3）主发酵　向莲雾汁中加入蔗糖直至其SSC（可溶性固形物）达到20%，用柠檬酸调节酸度。莲雾汁在85℃水浴中杀菌30min，再加入适量偏重亚硫酸钾。酿酒酵母经过活化后接种，保持25℃的发酵温度，定期检测SSC、还原糖、酒精等相关指标。

（4）陈酿　待主发酵结束后换罐，分离酒中沉淀物，将罐装满后在10～15℃冷库中密封保存，开始陈酿。期间换罐2次，每次换罐后用陈酿酒将罐补满。

（5）成品　陈酿后的酒液立即进行无菌灌装即为成品。

（三）质量指标

（1）感官指标　浅黄、黄红色，澄清透明，有光泽，无明显悬浮物；具有纯正、优雅、愉悦和谐的莲雾果香与酒香；酒体丰满，醇厚协调、舒服、爽口。

（2）理化指标　酒精含量10%～12%，总糖含量（以葡萄糖计）8～11g/L，总酸含量5～8g/L。

（3）微生物指标　沙门菌和金黄色葡萄球菌不得检出。

四十五、脐橙全汁果酒

（一）工艺流程

脐橙→分选→清洗→去皮→榨汁→果胶酶处理→添加SO_2→果汁→过滤→调整糖度→接种酵母→发酵→分离、去酒脚→陈酿→过滤→成品

（二）操作要点

（1）脐橙果汁的制备　选用优质新鲜脐橙，清洗后去皮，然后用榨汁机榨取果实汁液，并添加果胶酶、SO_2，再经过滤制得脐橙果汁，于低温下储藏备用。

（2）酿酒活性干酵母的活化　称取适量干酵母，用10倍量30℃温水活化10min即可。

（3）发酵　将待发酵果汁的糖度调整至所需糖度，然后加入2%活化后的酵母液，摇匀，控温发酵8～10d。发酵期间，定期测定发酵液中的残糖、总酸和

乙醇含量。

(4) 陈酿　主发酵结束后，采用虹吸法将酒液转入另一发酵容器中，添满，尽量减少酒与氧的接触，密闭，静置 15～20d。然后以同样方法将上层澄清酒液转入另一灭菌的发酵容器中，密封置于 5～10℃的环境中存放 1～2 个月，然后过滤。

(5) 成品　将过滤后的酒液进行无菌灌装即为成品。

(三) 质量指标

(1) 感官指标　该酒呈金黄色，澄清透明，无悬浮物，无沉淀；果香适中；酒香浓郁协调，无异味；酒体丰满，柔和爽口，酸甜适口，回味绵长，具有典型的脐橙果酒风味。

(2) 理化指标　酒精度 8%～9%，糖度为 20°Bx。

(3) 微生物指标　沙门菌和金黄色葡萄球菌不得检出。

四十六、沙棘果酒

(一) 工艺流程

沙棘果→分选除杂→漂洗→破碎→压榨→果浆→澄清→果汁→调配→发酵→去酒脚→陈酿→过滤→装瓶→灭菌→成品

(二) 操作要点

(1) 原料选择　野生沙棘果要求成熟度在 95%以上，出汁率达 75%以上，果汁含糖 70～85g/L，有机酸 60g/L 以上。

(2) 破碎、压榨　沙棘果经除杂、清洗后，用辊式破碎机压碎（种子不要压碎，以免影响果酒质量）。将果浆进行压榨，使果皮果核与果汁分离，皮渣用 50%酒精浸泡，提取有效成分。分离后的果汁用果胶酶澄清，因果汁酸度高，难以发酵，故要用水和糖（砂糖和蜂蜜）调整酸度和糖度，并加入 50～80mg/L SO_2 进行灭菌。

(3) 发酵及管理　采用果酒酵母分级培养或活化后的活性干酵母接种，在 16～20℃下发酵 12～15d，残糖降至 0.2%以下，酒精含量达 12%，便可进行酒脚分离，在 23℃左右进行后发酵或酒脚分离后直接封罐、陈酿，来年 2～3 月再倒 1 次罐，陈酿 1 年以上。

(4) 后处理　陈酿后进行澄清处理，根据试验确定下胶量（约为 0.015%），加入 80mg/L 的二氧化硫在冬季低温下自然冷冻 7～15d 便可澄清，抽出清液，同时分离上层沙棘油，调好糖酸比，用硅藻土过滤机串棉饼过滤，或再经精滤后即可装瓶。若下胶时不加二氧化硫，可在装瓶后进行巴氏杀菌处理。

（三）质量指标

（1）感官指标　浅黄色，澄清透明，有光泽，无明显的悬浮物；具有纯正、优雅、和谐的沙棘果香与酒香；口味甘甜醇厚，酒香浓郁，酸甜协调，酒体丰满；具有沙棘果酒突出的典型风格。

（2）理化指标　酒精度 14%～16%，总酸 5～8g/L，总糖含量（以葡萄糖计）10～22g/L，SO_2 浓度≤80mg/L。

（3）微生物指标　沙门菌和金黄色葡萄球菌不得检出。

四十七、芦柑果酒

（一）工艺流程

芦柑→浸泡清洗→去皮、去筋络→榨汁→添加 SO_2→果胶酶处理→成分调整→接种→主发酵→倒罐→补加二氧化硫→陈酿→下胶→澄清→杀菌→成品

（二）操作要点

（1）原料处理　选取成熟完好无腐烂的芦柑作为酿酒的原料。

（2）浸泡清洗　用流动清水漂洗，以除去附着在果实上的泥沙、杂物以及残留的农药和微生物。

（3）去皮去筋络、榨汁　采用人工去皮，尽量把芦柑表面的白色网状去掉（含有很多纤维成分及苦味物质）。将处理好的果肉放入榨汁机取汁。

（4）添加二氧化硫和果胶酶处理　为抑制杂菌的生长繁殖，芦柑榨汁后应立即向果汁中添加二氧化硫。但二氧化硫添加过多会抑制酵母的活性，延长主发酵时间，添加过少又达不到抑制杂菌繁殖的目的。SO_2 的最佳添加量为 70mg/L。

果胶酶能增强澄清效果和提高出汁率。在添加二氧化硫 6～12h 后添加果胶酶以提高芦柑的出汁率和促进酒的澄清。果胶酶添加量为 100mg/L。

（5）成分调整　芦柑鲜果含糖量为 8%，若仅用鲜果汁发酵则酒精度较低。因此，应适当添加白砂糖以提高发酵酒精度。生产中通常按每 17g/L 蔗糖经酵母发酵产生 1%（体积分数）的酒精添加白砂糖。注意要用少量果汁溶解后再加到发酵液中，并使发酵液混合均匀。如果需加糖量比较大时，为了使发酵能够顺利进行，有利于酵母尽快起酵，通常只加入应加糖量的 60%比较适宜，当发酵至糖度下降为 7%左右再补加另外 40%的白砂糖。

（6）接种　酵母活化在 40℃左右，加水量为干酵母的 10 倍，保持 20min 左右，配成 1%的酵母活化液。

适应性培养：果酒酿酒酵母扩大培养制成酒母接入调整成分后的果汁中，接种量为 6%。

（7）主发酵　采用密闭式发酵，初始 pH 值为 3.7 左右。在发酵过程中，发

酵液料不宜过满，以容量的80%为宜。控制发酵温度为21℃，并于每日测糖度和酸度各1次，搅拌1次，直到固形物含量下降为5%左右不变时，主发酵结束。

(8) 倒酒　发酵结束后要尽快进行酒渣分离，防止因为酵母自溶引起的酒质下降。用虹吸管将澄清的酒液分离出来，分离出的酒液尽量装满容器，立即补加SO_2并密封陈酿。

(9) 陈酿　经过主发酵所得的新酒，口感和色泽均差，需经过一定时间的存放老熟，酒的质量才能得到进一步的提高。在陈酿过程中，应定期进行检测，以确定后发酵是否正常进行。一般温度控制为15～18℃，陈酿时间约3个月。

(10) 脱苦　添加柚苷酶来对芦柑果酒进行脱苦处理，以脱出柠檬苦素、柚皮苷等苦味物质。

(11) 下胶、澄清　陈酿后的酒透明度不够，可采用蛋清、明胶、硅藻土、壳聚糖等澄清剂澄清或自然澄清、冷热处理澄清、膜分离澄清等方式对芦柑果酒进行澄清处理。

(12) 调配　对酒精度、糖度和酸度进行调配，使酒味协调，更加醇和爽口。

(13) 杀菌　采用巴氏杀菌，将芦柑果酒装瓶后置于70℃的热水中杀菌20min后，取出冷却，即得成品。

（三）质量指标

(1) 感官指标　酒体呈金黄色，清亮透明，有独特的芦柑果香。

(2) 理化指标　酒精度9%～10%，总糖（以还原糖计）4～5g/L，总酸（以柠檬酸计）4.5～7g/L，游离二氧化硫≤25mg/L。

(3) 微生物指标　沙门菌和金黄色葡萄球菌不得检出。

四十八、橘子果酒

（一）工艺流程

橘子→分选→破碎→酶解→榨汁→果汁→成分调整→杀菌→活性干酵母→主发酵→转罐→陈酿→酒质改善→无菌灌装→成品

（二）操作要点

(1) 二氧化硫的使用　橘子果实榨汁后对果浆进行80～120mg/kg的二氧化硫处理，混匀后静置浸渍6h。

(2) 酶解　加入果胶酶可以提高出汁率和降低果浆的黏度，有利于原酒的澄清和装瓶后酒体的稳定，加入量为每100g果汁加入0.1%的果胶酶0.016mL。

(3) 成分调整　对果汁的糖分、酸度进行调整，酒精含量为10%～12%的橘子果酒发酵醪液含糖量应为18%～22%。根据实际生产率17g/L的糖可产生1%酒精，橘子果汁的含糖量平均在10.5g/100mL左右，理论计算，充其量只能达 4.7%酒，因此必须加糖发酵。橘子果汁的含酸量较高，可达 2.6%（以柠檬酸计），pH 为 2.5 左右，用碳酸钙来调整酸度。

(4) 杀菌调整　将调整好成分的橘子果汁进行杀菌（60～65℃，10～20min），这条件既可保证杀灭杂菌，以利于酵母的快速繁殖，且能减少橘子色素的分解和营养成分的损失。杀菌后立即送入经消毒处理的发酵罐中，容器的充满系数为 80%。

(5) 发酵　果汁装罐后，尽快加入活性干酵母，酵母用量由小试确定，一般为 0.01%～0.03%较适宜。其添加方法：往 35～42℃的 5%糖液中加入 10%活性干酵母，小心混匀，静置，使其复水活化；每隔 10min 搅拌 1 次，经 30～60min 后镜检，活菌在 95%以上、出芽率达到 15%，直接加入到橘子果汁中搅拌 1h，低温进行发酵 10～15d。

(6) 陈酿　橘子醪经前、后发酵，酵母已沉聚于罐底，此时进行离心分离并转罐，补加 60mg/kg 的二氧化硫，用食用酒精或果渣白兰地调整酒精含量，使其达到 12%（体积分数）左右，进行陈酿。陈酿期间转罐 1～2 次。

(7) 酒质改善

下胶处理：采用新鲜蛋清和明胶进行复合下胶，明胶要先浸泡、加热溶化（水温 40～45℃，保温 30min），稀释后随蛋清加入原酒中，静置 5～7d，用硅藻土过滤机过滤。

冷冻处理：控制品温在－4～5℃温度下，5～7d 后趁冷过滤，可使酒质更加稳定，并保持其特有风味和营养成分。

(三) 质量指标

(1) 感官指标　宝石红色，澄清透明，具有浓郁的橘子果香、酒香，醇厚纯正，舒顺爽口，酒体完美，具橘子酒典型风格。

(2) 理化指标　酒精度 11%～12%，总糖含量（以葡萄糖计）4.5～5.5g/L，总酸含量（以柠檬酸计）≤6g/L，挥发酸含量≤0.8g/L，总二氧化硫含量≤250mg/L，游离二氧化硫含量≤50mg/L，干浸出物含量≥14g/L。

(3) 微生物指标　沙门菌和金黄色葡萄球菌不得检出。

四十九、蜂蜜沙棘果酒

(一) 工艺流程

糯米清洗→浸泡、蒸饭→淋冷→糖化发酵→成熟出汁→过滤→杀菌甜米酒
↓
沙棘→清洗→烘干→蒸制→冷却→浸泡→混合→调配→陈酿→成品

（二）操作要点

（1）原料选择

糯米：要求颗粒饱满，大小均匀，无米头、细糠、杂质、虫蛀、霉烂变质现象。

沙棘鲜果：选用8～9成熟，色橙黄，新鲜，无青果及破伤、烂斑、腐烂现象的果实。

酒曲：湖北安琪酵母有限公司生产。

蜂蜜：选用新鲜或保存良好的百花蜜。

（2）沙棘加工处理　将鲜沙棘清洗干净，晒干或烘干，利用850W微波杀菌2～3min。冷却，用经清洗杀菌的棉质纱布包严，按蒸馏酒（45%，体积分数）：沙棘（干）为10：(0.6～0.8）的比例，放入瓷缸中浸泡，密封，陈酿，待用。

（3）蜂蜜加工处理　选择优质蜂蜜，取适量用凉开水配成10%～15%的蜂蜜溶液，微波加热3～5min或85℃下加热25～30min，然后过滤备用。

（4）甜酒制作

糯米浸泡：将糯米去杂淘洗干净后，用净水（一般浸米水高出米面5～6cm）浸润18～24h。浸泡一定要充分，浸泡后的米粒吸水充足，颗粒保持完整，捏米粒即碎。

蒸饭、淋冷：将浸泡后的米粒捞出，用纱布淋尽水分，放入常压锅内蒸煮，大汽后开始计时，25～30min后用冷开水洒淋，再继续蒸10min。将蒸好的米饭取出后立即用冷开水淋冷，使饭粒表面光洁易于拌曲操作，然后快速冷却至35℃左右。

拌曲、糖化发酵：淋冷后拌入米酒曲，每500g原料加曲2g左右，拌匀后，装入容器中，在中间扒窝，将剩下的酒曲撒在混合料的表面，便于菌的成活。然后盖好盖，置于28～30℃进行糖化发酵，时间为36～48h。

过滤、杀菌：将糖化液（甜酒汁）用过滤机过滤，滤液在微波中加热2～3min，以破坏酶的活性，冷却，备用。

（5）调配、陈酿　将经陈酿好的沙棘酒、蜂蜜和甜酒汁按沙棘酒80%、甜酒汁12%～15%、蜂蜜（未稀释前重量计）0.8%～1%的比例勾兑在一起，同时加入冰糖（2%～5%）调配，移入酒罐密封老熟陈酿，2个月后即可灌装。密封后常温下可保存1年。

（三）质量指标

（1）感官指标　橙黄色，具有浓郁沙棘香味，无杂味；具有沙棘特有清爽感，口味协调；透明，无沉淀及悬浮物；具有蜂蜜沙棘酒典型风格。

（2）理化指标　酒度11%～13%，总酸（以柠檬酸计）6～6.5g/L，总糖（以葡萄糖计）≤5g/L，游离二氧化硫≤40mg/L，总二氧化硫≤80mg/L。

（3）微生物指标　沙门菌和金黄色葡萄球菌不得检出。

五十、贡柑果酒

（一）工艺流程

贡柑→热烫去皮→榨汁→调整成分→前发酵→陈酿→过滤→灌装→成品

（二）操作要点

（1）贡柑处理　取新鲜贡柑，选果、清洗、烫皮去皮，打碎榨汁（勿将核碎烂），加二氧化硫灭菌，用量为100mg/L。

（2）调整成分　贡柑果汁糖度为10°Bx，用碳酸钠调整pH为3.8～4.0，采取分批加糖发酵。

（3）发酵　活性干酵母用量一般为0.01%～0.03%，18℃条件下发酵7～10d。

（4）陈酿　发酵后进行转罐，并补加50mg/L二氧化硫，用食用酒精调整其酒精含量，使其达到13%（体积分数）左右，进行陈酿。

（5）过滤　采用添加1%明胶的方法澄清，然后用硅藻土过滤机过滤。

（6）成品　过滤后的酒液立即进行无菌灌装即为成品。

（三）质量指标

（1）感官指标浅　黄色，光亮；清澈透明，无沉淀及悬浮物；特殊的贡柑果香气和纯正的醇香，无异味；口感愉悦，后味绵长。

（2）理化指标　酒精度12%～15%，总糖（以葡萄糖计）≤7g/L，可溶性固形物≥9g/L，总酸（以柠檬酸计）3.2g/L，挥发酸（以醋酸计）0.17g/L。

（3）微生物指标　沙门菌和金黄色葡萄球菌不得检出。

五十一、覆盆子发酵酒

（一）工艺流程

覆盆子干果→挑选去杂→成分配比→接菌发酵→抽滤→陈酿→过滤澄清→装瓶→灭菌→成品

（二）操作要点

（1）原料选择　选取新鲜优质的覆盆子干果，去除杂质，粉碎后过60目筛备用。

（2）成分配比　将经粉碎后的覆盆子干果按料水比1∶40（g/g）添加净水，添加一定的质量分数的蔗糖，使发酵后酒液的酒精度达到12%，并适量添加SO_2后备用。

（3）发酵　将0.5%活化好的酿酒酵母加入至配比液中进行控温发酵，发酵温度为17～18℃，发酵7d。

(4) 陈酿　发酵结束后，经抽滤后进行陈酿，陈酿温度14～20℃，时间180d左右，然后过滤澄清，去除酒脚，添加0.5%的单宁和1.5%的明胶，静置48h后过滤澄清，装瓶。

(5) 灭菌、成品　经陈酿后的瓶装酒进行高温瞬时灭菌，冷却后冷藏储存。

（三）质量指标

(1) 感官指标　无悬浮物及沉淀物，澄清透明，色泽金黄；气味醇香甘爽，具有淡淡覆盆子清香，爽口协调，口味纯正，无异香。

(2) 理化指标　酒精度13%～15%，总糖（以葡萄糖计）≤8g/L，挥发酸（以乙酸计）0.45g/L，游离二氧化硫≤25mg/L。

(3) 微生物指标　沙门菌和金黄色葡萄球菌不得检出。

五十二、短梗五加果酒

（一）工艺流程

短梗五加果→打浆→酶解→过滤→发酵→杀菌→成品

（二）操作要点

(1) 打浆　将短梗五加果按照果料和水的比例1∶1加入酿造用水，用打浆机打浆，置于酶解罐中。

(2) 酶解　将打浆后的果浆加热至35～45℃，加入果胶酶4～15g/100kg，酶解时间1～2h。

(3) 过滤　将酶解沉淀后的短梗五加果汁用硅藻土过滤机过滤，即为短梗五加果酶解汁。

(4) 发酵　将短梗五加果酶解汁计量泵入发酵罐，投入量为有效容积的70%，添加酒精使发酵液的酒精度达到4%；加入砂糖，使其发酵液糖度达到15°Bx，然后接入1%人工培养的三级种子培养液，搅拌均匀后进行发酵。发酵温度控制在25～28℃，发酵25～35d。

(5) 陈酿　当酒精度不再升高即发酵终止，应马上进行分离酒脚，分离后将原酒送往储藏之前，储藏容器必须经灭菌处理，送入陈酿的原酒酒精度必须达到15%以上，陈酿温度应控制在0～15℃。

(6) 灌装、成品　陈酿后的酒液经硅藻土过滤机过滤后，立即进行无菌灌装即为成品。

（三）质量指标

(1) 感官指标　果酒色泽清澈透明，具有浓郁的果香和馥郁的酒香味，酒体协调，口感柔和爽口，酸甜适中，回味悠长。

（2）理化指标　酒精度15%～18%，总糖含量（以葡萄糖计）10～15g/L，总酸含量（以柠檬酸计）0.4～0.6g/L。

（3）微生物指标　沙门菌和金黄色葡萄球菌不得检出。

五十三、西洋参果果酒

（一）工艺流程

西洋参果→破碎除籽→成分调整→酒精发酵→原酒→陈酿→澄清→杀菌→成品

（二）操作要点

（1）原料处理　挑选成熟度良好的西洋参果，去除生青、霉烂的果实。利用破碎除籽机去除西洋参果中的果籽，同时加2倍水，得西洋参果液。

（2）成分调整　取西洋参果液，用蔗糖将果液调整至糖含量20%，用柠檬酸调整pH至3.6。

（3）酵母活化　将活性干酵母以10%的浓度加入到6%的蔗糖溶液中，搅拌均匀，每隔15min搅拌1次，温度为28～30℃，30min后即可使用。

（4）发酵　将0.9%扩培好的酵母液按量接入西洋参果液中，搅拌均匀，18～20℃发酵6～8d。

（5）陈酿　发酵结束后，用120目滤布过滤，除去杂质，得西洋参果原酒。置于20℃以下密封存放，30d后用虹吸方法再次去除杂质，并继续陈酿。

（6）澄清　经陈酿后的原酒进行下胶澄清处理，采用膨润土-明胶各0.5%添加量联合处理，得到西洋参果果酒。

（7）成品　澄清后的酒液立即进行无菌灌装即为成品。

（三）质量指标

（1）感官指标　浅褐色或褐色，澄清透明，有光泽，无悬浮物和沉淀物。

（2）理化指标　酒精度≥8%，总糖（以葡萄糖计）≥15g/L，总酸（以柠檬酸计）≤3g/L，可溶性固形物≥20g/L。

（3）微生物指标　沙门菌和金黄色葡萄球菌不得检出。

五十四、低醇南丰蜜橘酒

（一）工艺流程

原料→打浆→调成分→发酵→过滤→基酒→调配→成品

（二）操作要点

（1）原料　选择成熟的蜜橘，无腐烂、无杂质，清洗后去皮。

（2）打浆　将切分好的蜜橘放入打浆机内，加蜜橘质量5%的水，然后进行打浆，并及时加入50～60mg/L的亚硫酸。

（3）调整成分与发酵　将打浆后的果浆糖度调整到酒精度为7%（体积分数）所需的糖度，用柠檬酸调节酸度，使用活性干酵母作为发酵剂，将其用温水进行活化后直接添加到果浆中进行发酵。柠檬酸添加量、酵母添加量和发酵温度直接影响发酵情况。发酵条件：干酵母添加量0.4g/L，发酵液初始值pH为3.5，发酵温度为14～16℃。

（4）过滤　用纱布过滤滤去残渣，进行澄清，得到基酒。

（5）调配　添加的白砂糖应先制成糖浆，并将所需补加的柠檬酸溶于糖浆中，待糖浆冷却后再加入到原酒中进行调配。糖度最佳水平为4%、pH为3.5时，口感适中，比较容易被大众接受。

（三）质量指标

（1）感官指标　浅黄色，果香浓郁，酒香明显，口感纯净、微酸，具有明显的风格。

（2）理化指标　酒精度7%～8%，总糖（以葡萄糖计）11～15g/L，总酸（以柠檬酸计）6～7g/L。

（3）微生物指标　沙门菌和金黄色葡萄球菌不得检出。

五十五、圣女果酒

（一）工艺流程

圣女果挑选清洗→打浆→成分调整→二氧化硫处理→发酵→成品

（二）操作要点

（1）圣女果挑选清洗　挑选新鲜成熟的圣女果，清洗干净后沥干水分。

（2）打浆　榨汁机打浆后的果浆，添加0.1%的维生素C。

（3）成分调整　果浆中添加白糖，使其浓度达到发酵后产生12%的酒精度，酸度使用适量的柠檬酸调整到酵母发酵的适宜酸度。

（4）二氧化硫处理　添加50mg/L的二氧化硫处理。

（5）发酵　添加0.05%酿酒干酵母，在20℃条件下保温发酵5d。

（6）成品　发酵后的酒液经硅藻土过滤机过滤后，进行无菌灌装即为成品。

（三）质量指标

（1）感官指标　圣女果汁原有颜色，酒质柔顺，口感协调，果香、酒香纯正、浓郁。

(2) 理化指标　酒精度11%～14%，总糖（以葡萄糖计）8～12g/L，总酸（以柠檬酸计）4～6g/L。

(3) 微生物指标　沙门菌和金黄色葡萄球菌不得检出。

五十六、菠萝蜜果酒

(一)工艺流程

原料挑选→控温保藏→人工催熟→清洗→去皮、取果肉→清洗、打浆→护色、酶解→榨汁→过滤→成分调整→发酵→陈酿→调配→冷处理→灌装→杀菌→成品

(二)操作要点

(1) 选料　菠萝蜜（8～9成熟），要求无腐烂变质、无变软、无病虫害。

(2) 控温保藏　储藏的条件是温度为15～18℃，湿度为90%～95%。

(3) 人工催熟　冷藏后催熟的环境条件是温度20～25℃，初期的相对湿度为90%，中后期为75%～80%。使用乙烯利催熟较为理想。

(4) 打浆、护色　用人工除皮，取出果囊，去果仁，用清水洗去果肉表面的杂质，将果肉放入打浆机打浆。为抑制杂菌生长繁殖，打浆后应立即添加二氧化硫护色。二氧化硫添加量为50～100mg/L。

(5) 酶解、榨汁、成分调整　在添加二氧化硫3h后再添加果胶酶，果胶酶用量为100mg/L，在适宜温度下处理6～8h。压榨过滤除去沉淀物，即得菠萝蜜澄清汁。为保证发酵后的成品中保持一定的糖度和酒精度，添加蔗糖调整含糖量为21%。

(6) 发酵　在经调整的发酵液中添加一定量的活化酵母液（酵母接种量为5%)，在24℃的条件下进行发酵，每日测定酒精度、温度、可溶性固形物、相对密度、糖度及总酸的变化，以保证发酵的正常进行。

(7) 过滤　酒液密封一段时间后，取上清液经硅藻土过滤得澄清酒液。

(8) 陈酿　将澄清酒液置于1～5℃的温度下存放。

(9) 调配　在调配前，先测定酒液的糖度、酸度和酒精度，按质量指标要求进行调配，使得主要理化指标达到企业标准的要求。

(10) 冷处理　−6～−5℃处理3～5d。冷处理后进行过滤，以除去形成的沉淀。

(11) 灌装、杀菌　酒瓶冲洗、滴干水后即可灌装。在65～70℃杀菌15～25min。

(三)质量指标

(1) 感官指标　淡黄色至黄色；清亮透明状；酸甜爽口，醇厚浓郁，具有菠

萝蜜果酒独特的果香与酒香；无肉眼可见杂质，允许有少量果肉沉淀。

(2) 理化指标 酒精度10%～12%，总糖（以葡萄糖计）12～50g/L，滴定酸（以酒石酸计）3～5g/L。

(3) 微生物指标 沙门菌和金黄色葡萄球菌不得检出。

五十七、玫瑰香橙果酒

（一）工艺流程

原料→挑选→清洗→去皮→破碎→酶解→过滤→澄清汁→成分调整→接种→发酵→过滤→陈酿→澄清汁→调配→灭菌→成品

（二）操作要点

(1) 原料选择 应选择充分成熟且色泽鲜艳、无腐烂、无病虫害的玫瑰香橙。

(2) 榨汁 采用榨汁机榨汁（也可去皮榨汁）。

(3) 调糖 按17g/L糖产生1%的酒，使最终产品的酒精度为9%～10%，算出所需加糖量，将白砂糖溶解煮沸过滤，加入杀菌（80℃，20s）后的果汁中。

(4) 接种发酵

① 酵母活化：将酿酒活性干酵母按1∶20加入到2%的蔗糖溶液中，40℃保温15min后于30℃培养1.5h即可使用。

② 发酵：将活化好的酵母按0.12g/L的比例接入调好糖酸的香橙果汁中，混合均匀，在20℃温度下发酵7d。每天同一时间测定其总糖、还原糖、可滴定酸、可溶性固形物和酒精度。

(5) 分离酒脚 当果酒中总糖含量和酒精含量趋于稳定时，果酒主发酵结束，分离上层酒液与酒脚。

(6) 澄清 采用单宁-明胶澄清，加不同用量的1%单宁和1%明胶溶液，加热煮沸1min，立即水冷至常温，静置澄清。

(7) 脱苦 采用活性炭吸附法，原酒中加入7%的活性炭，于室温中振摇2h后取出过滤。活性炭回收洗净后于150℃下干燥3h可再次使用。

(8) 成品 脱苦后的酒液立即进行无菌灌装即为成品。

（三）质量指标

(1) 感官指标 橙黄色，澄清透明，无沉淀及悬浮物；果香、酒香优雅、纯正、协调；酒体丰满，醇厚协调，柔和、爽口；典型，风格独特，优雅无缺。

(2) 理化指标 酒精度为9%～10%，总糖（以葡萄糖计）≤4g/L，总酸（以柠檬酸计）5～7g/L。

(3) 微生物指标 沙门菌和金黄色葡萄球菌不得检出。

第四节 热带、亚热带果类果酒

一、龙眼果酒

（一）工艺流程

龙眼鲜果→榨汁→调整成分→发酵→调配→杀菌→灌装→成品

（二）操作要点

（1）龙眼鲜果　选取新鲜成熟度好的龙眼，采用龙眼肉发酵制酒，可用纯汁或混渣发酵。

（2）调整糖、酸　糖度的高低直接影响龙眼发酵酒的酒精度，果汁糖分在20%左右，可将糖分调整到22%～25%，若糖分增加，发酵时间延长，残糖也高。龙眼汁的pH在6.1左右，为防止杂菌污染，可将pH调至3.2，即每升加入柠檬酸4g左右，发酵效果更佳。

（3）发酵　采用葡萄酒高活性干酵母，用量为0.2g/L，发酵温度控制在21℃左右，发酵7d。

（4）调配　在调配前，先测定酒液的糖度、酸度和酒精度，按质量指标要求进行调配，使得主要理化指标达到企业标准的要求。

（5）杀菌　调配后的酒液经75～80℃杀菌20～25s，冷却至室温。

（6）成品　冷却后的酒液，立即进行无菌灌装即为成品。

（三）质量指标

（1）感官指标　色泽金黄，晶亮透明，具和谐的龙眼香味，醇和浓郁。

（2）理化指标　酒精度10%～12%，总糖含量（以葡萄糖计）≤4g/L，可溶性固形物含量≥15g/L，总酸含量（以酒石酸计）5～8g/L。

（3）微生物指标　沙门菌和金黄色葡萄球菌不得检出。

二、荔枝酒

（一）工艺流程

原料→清洗、剥壳→打浆取汁→降温澄清→分离→发酵→调整→下胶→过滤→灌装→成品

（二）操作要点

（1）果实原料采购　与荔枝绿色食品生产基地合作，按照绿色食品标准收购

荔枝原料。

（2）分选　用选果机或手工分选不同规格的荔枝果实。

（3）清洗、剥壳　在清洗线上用清水冲刷。用自动剥壳机或手工剥壳并去除果核。

（4）打浆取汁　采用打浆机打浆取汁或用双压板压制汁机取汁。

（5）降温澄清　用亚硫酸调整果汁中二氧化硫含量在 75mg/L 后转入控温发酵罐，控制温度 10℃，加入果胶酶进行澄清，注意果汁应保持满罐隔氧。

（6）分离　当上清液无明显悬浮物时，用板框过滤机过滤果汁，然后转入另一控温发酵罐。

（7）发酵　加入葡萄酒用活性干酵母，用量为 0.1～0.12g/kg，同时加入乳酸菌株、乙酸菌株协同控温发酵；加入果糖和葡萄糖，可溶性固形物调整到 20%；用柠檬酸调整到含酸量 5g/L，控制温度 16～18℃，密封隔氧。

（8）转罐　将发酵酒液转入另一控温发酵罐，清除原控温发酵罐汁底残氧。

（9）调整　加入果糖和葡萄糖，可溶性固形物调整为 20%。

（10）下胶　测得含糖量在 4g/L 以下时停止发酵，按 1g/L 用量添加皂土澄清处理 6d，再用硅藻土过滤机过滤处理，转入另一低温冷库的储液罐。

（11）冷冻储存　在－12～－6℃条件下冷冻 10～12d。

（12）过滤　用孔径 0.45～0.6μm 精密纸板板框过滤机和孔径 0.25μm 中空纤维微孔膜过滤除菌。

（13）勾兑　加入非热浓缩（低温冰晶法或膜浓缩法）荔枝汁混合均匀。

（14）第 2 次过滤　用孔径 0.45～0.6μm 精密纸板板框过滤机和孔径为 0.25μm 中空纤维微孔膜过滤除菌。

（15）成品　过滤后的酒液立即进行无菌灌装即为成品。

（三）质量指标

（1）感官指标　浅禾秆黄色或金黄色，清亮、有光泽，无明显悬浮物和沉淀物；具有浓郁的荔枝果香；甘甜醇厚，酸甜协调，回味悠长，酒体丰满。

（2）理化指标　酒精度 10%～15%，总糖（以葡萄糖计）≤4g/L，干浸出物≥15g/L，总二氧化硫≤250mg/L。

（3）微生物指标　沙门菌和金黄色葡萄球菌不得检出。

三、低醇椰子水果酒

（一）工艺流程

椰子→破壳取汁→过滤→调整糖、酸→发酵→陈酿→过滤→装瓶→成品

（二）操作要点

（1）原料处理　椰子汁中含有0.1%～0.15%的椰油，椰油的存在会影响椰子酒的质感，需除去椰油。用脱脂棉对椰子汁进行分油处理，得富含蛋白少油的水相；或将椰子汁加热至80℃迅速冷却，使椰油上浮，除去椰油即可。

（2）调糖、调pH值　将天然椰子汁的糖度调整为200g/L，加入亚硫酸氢钠（用亚硫酸氢钠释放二氧化硫的方式：100mg/kg亚硫酸氢钠约能放出60mg/kg二氧化硫），调pH值为5.0，使醪液成分分布均匀，利于发酵。

（3）原酒发酵、陈酿　选用酿酒酵母，接种量为10%，控制发酵温度为25℃左右，经20～30d后，残糖量为10g/L时，将上清液倒罐后进行后发酵。经1周的时间，发酵醪的含糖量为6～7g/L时，进行第2次倒罐。倒罐后，调整酒液的糖度为6g/L，pH值约为5.0，然后进行密闭陈酿，时间5～6个月，陈酿的温度低于20℃。

（4）过滤　使酒的质量和品质达到原酒的产品质量要求。通过过滤，可达到对酒体澄清的产品质量要求。

（5）调配　陈酿后的原酒酒色浅黄、清净爽快、酸甜适口，为了增强椰子酒的典型性，需进行香气的调整。取优质高度白酒，对破壳取得的椰子肉浸泡1个月，得到酒体澄清、颜色清亮、香气浓郁的椰子浸泡酒。原酒与浸泡酒的比例为2∶3（体积比）时，得到酒体丰满、醇厚、酒香协调的椰子酒。

（6）成品　调配后的酒液立即进行无菌灌装即为成品。

（三）质量指标

（1）感官指标　澄清、透明、有光泽；酒体丰满，酸甜适口、醇厚，舒服爽口；椰香味浓郁、醇正、和谐；具有典型的椰子香味。

（2）理化指标　酒精度15%，总糖（以葡萄糖计）12g/L，总酸（以柠檬酸计）5.5～6.5g/L，干浸出物≥18g/L。

（3）微生物指标　沙门菌和金黄色葡萄球菌不得检出。

四、芒果酒

（一）工艺流程

芒果→清洗→去皮去核→榨汁→果胶酶处理→成分调整→主发酵→后发酵→陈酿→过滤→装瓶→成品

（二）操作要点

（1）原料选择　要求果实新鲜、成熟，显表皮黄色，纤维少而短，果汁多，肉质细嫩香甜，无病虫、无腐烂。

(2) 榨汁　榨汁前芒果先用流动水冲洗干净。成熟的芒果较软，果皮和果肉容易分离，可用人工去皮。芒果的果核坚硬，不宜用机械去核，一般用手工去核。去皮去核后的芒果立即用压榨机榨汁。

(3) 果胶酶处理　果汁中添加0.01%～0.05%果胶酶于20～40℃处理2～3h，使果胶分解，然后用离心机分离得到澄清果汁。

(4) 添加焦亚硫酸钾　根据果酒的产品要求，在果汁中加入适量焦亚硫酸钾，并调整二氧化硫浓度为80～120mg/L，保护果汁不被氧化，并有效抑制杂菌生长。

(5) 成分调整　由于香芒含糖分≥17%，所以不必调糖。而果汁的pH4.0左右，适合酵母生长，因此也不用调酸碱度，保持酸度自然。

(6) 发酵与陈酿　根据果汁量，加入6%已预先培养好的酵母菌种，用泵循环均匀，以利于发酵。品温控制在25～28℃，经过18～20h酵母会大量繁殖，此时转入生成乙醇阶段，即主发酵期。在此期间发酵旺盛，产生热量较多，品温迅速上升，应严格控制好温度，防止品温过高而影响发酵正常进行。

(7) 后发酵　经过5～7d主发酵结束，然后用虹吸法将上清液抽到另一发酵罐进行后发酵。后发酵温度控制在20～25℃，此期间温度低，发酵速度较慢，一般10d左右结束。

(8) 陈酿　成熟酒放入老熟罐，在20℃以下陈酿2～3个月，以改善酒的风味和口感。

(9) 成品　陈酿后的酒先用硅藻土进行粗滤，滤液进行冷冻，再用板框压滤机进行压滤，最后装瓶杀菌得到成品。

(三) 质量指标

(1) 感官指标　色泽淡黄，清亮透明，有光泽，无悬浮物，无沉淀物；具有明显的芒果香和酒香，醇香浓郁，香味协调、醇正；酒体醇厚丰满，酸甜爽适，具有芒果酒独特的风格。

(2) 理化指标　酒精度10%～12%，残糖(以葡萄糖计)2～5g/L，总酸(以柠檬酸计)4～6g/L，挥发酸(以乙酸计)≤1g/L，干浸出物≤12g/L，总二氧化硫≤120mg/L，游离二氧化硫≤50mg/L。

(3) 微生物指标　沙门菌和金黄色葡萄球菌不得检出。

五、山竹酒

(一) 工艺流程

新鲜山竹→清洗、去壳→榨汁→添加偏重亚硫酸钾→酶解处理→过滤→果汁调整→发酵→陈酿→澄清→成品

（二）操作要点

（1）原料处理　挑选新鲜山竹，无腐烂变质。清洗干净沥干水分后剥去外壳、去核。

（2）榨汁　用榨汁机添加3%的纯净水榨汁，然后添加偏重亚硫酸钾，使二氧化硫浓度达到40mg/L。

（3）酶解处理　添加0.2%果胶酶，于20℃温度下搅拌2h后过滤。

（4）果汁调整　添加白糖使其发酵后酒精度达到11%左右，酸度用柠檬酸调整。

（5）发酵　添加0.2%干活性酿酒酵母，搅拌均匀后，16～18℃保温发酵7d。

（6）陈酿　于10～12℃下陈酿1个月。

（7）过滤、成品　陈酿后的酒液经硅藻土过滤机过滤，过滤后的酒液立即进行无菌灌装。

（三）质量指标

（1）感官指标　淡黄色，晶亮透明，具有山竹特有的果香，酸甜爽口，清新怡人。

（2）理化指标　酒精度11%～13%，总糖（以葡萄糖计）≤4g/L，总酸（以柠檬酸计）6～8g/L。

（3）微生物指标　沙门菌和金黄色葡萄球菌不得检出。

六、番荔枝果酒

（一）工艺流程

原料挑选→清洗→剥皮、去核→打浆、护色→酶解→榨汁→成分调整→发酵→澄清陈酿→调配→灌装→杀菌→成品

（二）操作要点

（1）选料　原料要求无腐烂变质、无变软、无病虫害。

（2）打浆　将果肉放入打浆机打浆。

（3）护色　打浆后应立即添加二氧化硫护色。二氧化硫用量为50～100mg/L。

（4）酶解　在添加二氧化硫3h后再添加果胶酶，果胶酶用量为80mg/L。果胶酶可以分解果肉组织中的果胶物质，在25℃温度条件下处理6～8h。

（5）榨汁　压榨过滤除去沉淀物即得荔枝澄清汁。

（6）成分调整　为保证发酵后的成品具有一定的糖度和酒精度，添加蔗糖调

整至合适的浓度。实践证明，当含糖量为22%时，品质较好。

(7) 发酵　在经调整的发酵液中添加6%的活化酵母液，在22℃的温度条件下进行发酵，每日测定酒精度、温度、可溶性固形物、相对密度、糖度及总酸的变化，以保证发酵的正常进行。

(8) 澄清处理　酒液密封一段时间后，取上清液经硅藻土过滤得澄清酒液。

(9) 陈酿　将澄清酒液置于10～12℃的温度下存放。

(10) 调配　在调配前，先测定酒液的糖度、酸度和酒精度，按质量指标要求进行调配，使得各主要理化指标达到企业标准的要求。

(11) 冷处理　冷处理温度－5～6℃，时间为3～5d。冷处理后进行过滤，以除去在冷处理过程中形成的沉淀。

(12) 灌装、杀菌　酒瓶冲洗、滴干水后即可灌装。杀菌条件：65～70℃、15～25min。

（三）质量指标

(1) 感官指标　淡黄色至黄色，清亮透明状；酸甜爽口、醇厚浓郁，具有番荔枝果酒独特的果香与酒香；无肉眼可见杂质，允许有少量果肉沉淀。

(2) 理化指标　酒精度10%～11%，总糖（以葡萄糖计）80～100g/L，滴定酸（以酒石酸计）4～5g/L。

(3) 微生物指标　沙门菌和金黄色葡萄球菌不得检出。

七、橄榄酒

（一）工艺流程

原料→分选→洗涤→脱苦涩→冲洗→热烫→破碎、去核→榨汁→离心取汁→加偏重亚硫酸钾→加果胶酶→调整成分→发酵→倒酒换池→杀菌→成品

（二）操作要点

(1) 分选　分选要摘除果柄，剔去腐烂的橄榄，选取粒大饱满、颜色鲜艳的橄榄。分选的目的是消除酿造过程中的不良因素，减少杂菌，保证发酵和陈酿的进行，以达到酒味的醇正，少生或不生病害。

(2) 洗涤　用清水洗涤除去附着在水果表面的尘土、泥沙、残留农药和微生物。对有明显的残留农药的水果，必须使用适当的洗涤剂除净。

(3) 脱苦涩　将橄榄用1%（质量分数）氢氧化钠溶液浸泡21h。橄榄的苦涩味除了源于单宁还有一些橄榄苦苷，而橄榄苦苷很容易在碱液中水解。

(4) 冲洗　为了防止氢氧化钠溶液对汁液pH值影响，所以脱苦涩后要马上用清水把橄榄上的碱液冲洗干净。

(5) 热烫　未被破坏的橄榄表面会有蜡层，用70℃0.1%柠檬酸水溶液热烫

3～5min，破坏橄榄表面的蜡层，以利于榨汁。

（6）破碎及去核　用非铁硬器将橄榄破碎，取出肉里的核，榨汁。本产品在生产过程中最忌同铁质接触，因为大量的单宁能同铁质反应，使橄榄组织变黑，影响产品的外观和口感。

（7）榨汁　由于橄榄的果肉较硬，含水分少，出汁率低，所以将破碎的果肉与水按1∶2比例混合，放入榨汁机混合打浆取汁。

（8）离心取汁　将果浆在3000r/min的条件下离心30min，取上层果汁。

（9）添加偏重亚硫酸钾　为了避免杂菌的污染，果汁要马上添加偏重亚硫酸钾（折算为二氧化硫的含量在70mg/L），对汁液先进行净化，消灭所带的杂菌，以保证正常的酵母发酵。

（10）添加果胶酶　果胶酶可增强澄清效果和提高出汁率。添加15～50mL/t（果汁）诺维信果胶酶，50℃下酶解1h。

（11）调整成分　橄榄汁的初始糖度是6°Bx，若直接用做发酵则成品的酒精度会较低，因此应加入适量的白砂糖以提高发酵的酒精度。用少量的果汁溶解白砂糖，以增加发酵的糖度。得到的汁液pH值一般在3.7左右，所以加入柠檬酸和NaOH调节pH。

（12）发酵　将调整好成分的橄榄果汁装入容器中，加入活化后的酵母菌进行密闭式发酵（接种量为7%）。在发酵过程中保持温度21℃左右。发酵时液料不宜过满，以容量的80%为宜。直到酒液无气泡冒出，底部有酒渣沉淀，发酵结束。

（13）倒酒换池　经过发酵后，酒液中含有大量的沉淀，应尽快进行酒渣分离，防止因为酵母的自溶而引起酒质下降。用吸管将澄清层的酒分离。

（14）杀菌　采用巴氏杀菌法，将橄榄酒置于70℃的热水中杀菌20min，取出冷却得成品。

（三）质量指标

（1）感官指标　呈棕黄色，透明，光泽度好；具有橄榄的天然风味，酒体协调，无异味；入口清爽，柔和怡人；酒性协调，典型性好。

（2）理化指标　酒精度9%～11%，糖度5.5°Bx。

（3）微生物指标　沙门菌和金黄色葡萄球菌不得检出。

八、香蕉果酒

（一）工艺流程

新鲜香蕉→去皮热烫（4～5min）→破碎→酶解、过滤→果汁→成分调整→接种→发酵→陈酿、澄清→杀菌→成品

（二）操作要点

（1）选料　原料要求无腐烂变质、无变软、无病虫害。

（2）控温保藏　储藏的条件是15～18℃的气温和90%～95%的湿度。

（3）人工催熟　冷藏后催熟的环境条件是20～25℃的气温，初期的相对湿度为90%，中后期为75%～80%。使用乙烯利催熟较为理想。

（4）去皮、取果肉　用人工除皮，取出果肉。

（5）热烫　热烫温度100℃，时间4～5min。

（6）打浆　将果肉放入打浆机打浆。

（7）添加二氧化硫护色　为抑制杂菌持续繁殖，打浆后应立即添加30mg/L的二氧化硫护色。

（8）酶解　在添加二氧化硫3h后再添加果胶酶，果胶酶可以分解果肉组织中的果胶物质，在22～24℃温度条件下处理6～8h。

（9）榨汁　压榨过滤除去沉淀物即得香蕉澄清汁。

（10）成分调整　为保证发酵后的成品中保持一定的糖度和酒精度，添加蔗糖调整糖分至22%。

（11）发酵　在经调整的发酵液中添加6%的活化酵母液，在18℃条件下进行发酵，每日测定酒精度、温度、可溶性固形物、相对密度、糖度及总酸的变化，以保证发酵的正常进行。

（12）澄清处理　酒液密封一段时间后，取上清液经硅藻土过滤得澄清酒液。

（13）陈酿　将澄清酒液置于10～12℃存放1个月。

（14）调配　在调配前，先测定酒液的糖度、酸度和酒精度，按质量指标要求进行调配，使得各主要理化指标达到企业标准的要求。

（15）冷处理　冷处理温度−5～6℃，时间为3～5d。冷处理完后进行过滤，以除去在冷处理过程中形成的沉淀。

（16）灌装、杀菌　酒瓶冲洗、滴干水后即可灌装。杀菌条件：65～70℃，15～25min。

（三）质量指标

（1）感官指标　淡黄色至黄色；清亮透明状；酸甜爽口、醇厚浓郁，具有香蕉果酒独特的果香与酒香；无肉眼可见杂质，允许有少量果肉沉淀。

（2）理化指标　酒精度10%～12%，总糖（以葡萄糖计）80～100g/L，滴定酸（以酒石酸计）4～6g/L。

（3）微生物指标　沙门菌和金黄色葡萄球菌不得检出。

九、软枣猕猴桃果酒

（一）工艺流程

软枣猕猴桃→清洗→榨汁→加入果胶酶酶解→调整糖度→接种酵母→酒精发

酵→分离酒脚→调配→冷藏→过滤→巴氏杀菌→装瓶→检验→成品

（二）操作要点

（1）挑选和清洗　选择无腐烂、无病虫害及机械伤害，果实坚硬、新鲜的果实进行加工。

（2）榨汁　将软枣猕猴桃洗净，浸泡于pH4.0的溶液中，沥干后用榨汁机捣成浆，充分混匀，取样，以1mol/L有机酸调pH值。

（3）酶解　将称量好的果胶酶（0.04g/L）加入适量的果汁中使其充分溶解，置于36℃恒温中进行酶解1h，备用。

（4）过滤　采用200目的滤网过滤。

（5）成分调整　为保证发酵后的成品中保持一定的糖度和酒精度，添加蔗糖调整至糖分10%。

（6）发酵　在经调整的发酵液中添加0.1%的活性干酵母，在25℃条件下进行发酵，每日测定酒精度、温度、可溶性固形物、相对密度、糖度及总酸的变化，以保证发酵的正常进行。

（7）澄清处理　酒液密封一段时间后，取上清液经硅藻土过滤得澄清酒液。

（8）陈酿　将澄清酒液置于10～12℃存放1个月。

（9）调配　在调配前，先测定酒液的糖度、酸度和酒精度，按质量指标要求进行调配，使得各主要理化指标达到企业标准的要求。

（10）冷处理　冷处理温度－5～6℃，时间为2～3d。冷处理完后进行过滤，以除去在冷处理过程中形成的沉淀。

（11）灌装、杀菌　酒瓶冲洗、滴干水后即可灌装。杀菌条件：65～70℃，15～25min。

（三）质量指标

（1）感官指标　浅金黄色，有光泽，澄清透明，酒体圆润，无沉淀物，口感清爽、回味悠长，典型性好，浓郁优雅，具有软枣猕猴桃的果香。

（2）理化指标　酒精度10%～12%，总糖（以葡萄糖计）≤4g/L，总酸（以酒石酸计）4～8g/L，挥发酸（以醋酸计）≤1g/L。

（3）微生物指标　沙门菌和金黄色葡萄球菌不得检出。

十、雪莲果发酵酒

（一）工艺流程

雪莲果→清洗、去皮→护色处理→榨汁→分离过滤→糖度调整→pH调整→主发酵→分离酒脚→后发酵→分离酒脚→陈酿→澄清→灌装→杀菌→冷却→雪莲果酒成品

（二）操作要点

（1）原料处理　将抗褐变剂（抗坏血酸添加量1%，柠檬酸添加量0.75%，菠萝添加量25%）溶于一定量的水中，配成溶液，倒入切成小块的雪莲果里，然后一起榨汁。加水量与纯果汁比例约为1∶3，雪莲果出汁率约为68%左右。

（2）雪莲果果汁成分调整　雪莲果果实的含糖量为13%左右，原果汁pH约为6.2，自身发酵的酒精度低，为保证发酵后成品中保持一定的糖度和酒精度，发酵初期用饴糖调整糖度至18%，用饱和酒石酸钾溶液将pH调整在4.5～5.0之间，加入0.03%的偏重亚硫酸钠以抑制杂菌生长。

（3）发酵　将活性干酵母按1∶15的比例溶于38℃温水中活化30min，以0.5%的比例接入到果汁中，搅拌均匀，26℃密闭发酵10d。发酵结束后，立即倒桶，于18℃后发酵30d。

（4）澄清　添加0.5%壳聚糖澄清酒液，澄清后过滤。

（5）成品　澄清过滤后的酒液立即进行无菌灌装得成品。

（三）质量指标

（1）感官指标　色泽金黄透亮，无杂质，具有浓郁的雪莲果菠萝混合果香，酒香浓郁，口味柔和。

（2）理化指标　酒精度9%～10%，残糖为7%～9%，总酸（以酒石酸计）5～6g/L。

（3）微生物指标　沙门菌和金黄色葡萄球菌不得检出。

十一、人参果果酒

（一）工艺流程

人参果→清理→切块→护色→打浆→酶解→压榨→成分调整→酒精发酵→人参果原酒→粗滤→陈酿→调配→精滤→灌装→杀菌→成品

（二）操作要点

（1）原料处理　选择肉质厚，成熟度良好，无伤、无病变的优质人参果，去蒂后清洗干净，切成1cm见方的瓜丁，置于浓度为0.4%维生素C中浸泡，后用组织捣碎机打浆。

（2）酶解　取人参果液质量0.015%的果胶酶，溶于温水中，配成1%的果胶酶液，加入人参果液中，搅拌均匀，静置6h，用两层纱布过滤得人参果液。

（3）成分调整　取人参果液，添加蔗糖至糖分20%，溶解后加入到待发酵的人参果液中。用柠檬酸调整pH至3.8。

（4）酵母活化　将活性干酵母以10%的浓度加入到6%的蔗糖溶液中，搅拌均匀，每隔15min搅拌1次，温度为28～30℃，30min后即可使用。

（5）酒精发酵　将扩培好的酵母液按4%的量接入人参果液中，搅拌均匀，24℃控温发酵，每天搅拌1～2次，发酵7～8d，用120目滤布过滤得酸浆原酒。

（6）人参原酒处理　酒精发酵结束后将所得人参果原酒用纱布进行粗过滤，滤后原酒密封置于20℃以下陈酿，30d后用虹吸方法去除酒泥继续陈酿。

（7）澄清处理　经陈酿后的原酒进行下胶澄清处理，采用0.2%皂土-0.02%明胶联合处理得到人参果酒。

（8）杀菌　将处理好的人参果原酒装瓶，在65℃条件处理30min。

（9）成品　将杀菌冷却后的酒液立即进行无菌灌装得成品。

（三）质量指标

（1）感官指标　酒体为淡黄色，澄清透明有光泽，无沉淀物和悬浮物。

（2）理化指标　酒精度≥8%，总糖（以葡萄糖计）≥10g/L，可溶性固形物≥12g/L，总酸（以柠檬酸计）≤3g/L。

（3）微生物指标　沙门菌和金黄色葡萄球菌不得检出。

十二、罗汉果酒

（一）工艺流程

鲜罗汉果→清洗→去壳→捣碎→过滤去籽→酶解→调糖、调酸→灭菌→酵母活化→主发酵→粗滤、换桶→后发酵→陈酿→澄清过滤→成品

（二）操作要点

（1）果浆制备　选取果肉饱满、果实完整无破损、九成熟的鲜罗汉果经清洗、去壳后，用面包搅拌机捣成糊状，用孔径0.5cm振荡筛过滤得糊状果浆。

（2）酶解　添加植物蛋白酶（0.15mL/L果浆），果胶酶（0.2mL/L果浆），在55℃下酶解70min后，将酶解液升温煮沸10min，冷却至室温。

（3）调配　用白砂糖调整果汁糖度至17%，用柠檬酸调整pH至3.6，然后121℃下灭菌10min，冷却备用。

（4）酵母活化　按活性干酵母粉：蔗糖溶液比例为1：10将酵母接入2%的无菌蔗糖溶液中，振摇均匀后在35℃条件下培养40min。

（5）主发酵　在无菌条件下按5%的比例接入活化的酵母液后，置于22℃温度条件下发酵7d，当发酵液中残留还原糖下降趋于稳定时，主发酵结束。

（6）后发酵　将经过主发酵后的发酵醪用4层纱布过滤，滤液转入另一消毒容器中在20℃左右发酵15～20d。

（7）陈酿　将酒液更换经消毒的容器，温度控制在20℃以下陈酿2～3个月，期间适时更换容器1～2次。

(8) 澄清　在酒液中按0.5g/L添加壳聚糖，于室温静置72h后采用低速离心机在4000r/min下离心15min，得到澄清透亮的鲜罗汉果酒。

(9) 成品　将澄清后的酒液立即进行无菌灌装得成品。

(三) 质量指标

(1) 感官指标　酒体黄褐色，有光泽，具有鲜罗汉果香甜风味和黄酒香气，口味醇厚、柔和、鲜爽、无异味。

(2) 理化指标　酒精度10%～11%，残糖含量≤4%，总酸（以柠檬酸计）4～5g/L。

(3) 微生物指标　沙门菌和金黄色葡萄球菌不得检出。

第五节 复合类果酒

一、苹果香椿复合酒

(一) 工艺流程

香椿→预处理→杀青→护色→打浆→过滤→香椿汁→脱苦
↓
苹果→清洗→去皮→破碎→打浆→制汁→原汁处理→混合调配→主发酵→后发酵→陈酿→澄清→调配→灌装→封口→巴氏杀菌→冷却→成品

(二) 操作要点

(1) 香椿汁的制备　新鲜香椿嫩芽用清水浸泡30min后清洗，沥干。沥干后的香椿芽用85～90℃热水热烫1min后迅速冷却。用0.05%的维生素C和0.02%的柠檬酸对热烫后的香椿在25℃下浸泡10min，以达护色目的。按芽水比为1∶10榨汁，过滤得香椿原汁。为提高香椿芽中功效成分的浸出率，可用水再次浸提滤渣，浸提用水量以渣质量的2倍为宜，在50℃下浸提30min后过滤，收集滤液。滤液与香椿原汁混合后用复合脱苦剂进行脱苦，于4℃冷藏备用。

(2) 苹果原汁的制备　苹果用2%的$KMnO_4$溶液浸泡2min，洗净后去皮、切块，添加亚硫酸氢钠进行护色。加水打浆（以刚好没过原料为佳），在鲜榨苹果汁中添加适量的果胶酶（40～60mg/L），于50℃下处理30～50min后过滤。滤渣用1倍体积的水浸泡2h后过滤，滤液与初滤汁混合即得苹果原汁。

(3) 复合果蔬汁的制备　香椿汁和苹果汁按1∶1混合，含糖量调整至280g/L，pH调至5.0。

(4) 原酒的制备　复合果蔬汁中接入0.5%复水活化的活性酵母。当发酵液糖度低于1%时，转入后发酵（12～14℃，15d）。在低温下对发酵原酒进行陈酿，陈酿温度为10～15℃，相对湿度85%。加入澄清剂（蛋清、壳聚糖、明胶等）进行澄清处理或采用低温静置澄清可提高酒体稳定性。

（5）杀菌、成品　澄清后的酒液经巴氏杀菌后，立即进行无菌灌装即为成品。

（三）质量指标

（1）感官指标　均匀一致，新鲜的亮黄色或淡黄色；外观澄清透明，无悬浮物，无肉眼可见沉淀物；具有清晰、协调的苹果香与酒香，兼有香椿香气；清新爽口，酒体醇厚，余味悠长；典型完美，风格独特，优雅无缺。

（2）理化指标　酒精度15%～16%，可溶性固形物≥12g/L，总糖（以葡萄糖计）≤4g/L，总酸（以苹果酸计）4.5～4.7g/L，挥发酸（以乙酸计）1g/L，游离二氧化硫≤50mg/L，总二氧化硫≤250mg/L。

（3）微生物指标　沙门菌和金黄色葡萄球菌不得检出。

二、西瓜桑葚复合果酒

（一）工艺流程

西瓜→清洗→去皮、去籽→果肉破碎榨汁→过滤→原果汁

桑葚→选果→清洗→打浆→过滤→原果汁

混合（1∶1）→添加SO_2→调整成分→接种→发酵→陈酿→澄清过滤→灭菌→成品

（二）操作要点

（1）原汁配比　将西瓜汁、桑葚汁按1∶1（质量比）比例混合，添加40mg/L的二氧化硫，把糖分调至23%。

（2）接种发酵　活性干酵母用量为0.04%，采用控温发酵，控制温度为25℃，发酵10d，发酵液已变清亮，酒香浓郁。

（3）陈酿　主发酵结束，换桶除去酒脚，进行后发酵，后发酵结束再行换桶，然后陈酿。陈酿要求满桶，避免果酒过多接触空气。

（4）下胶澄清　发酵好的果酒在较长时间内是浑浊的，应加入明胶、皂土、果胶酶等澄清剂，使果酒中悬浮胶体蛋白质很快生成絮状沉淀。下胶量要根据小样试验决定。下胶后控制较低温度（15～18℃）澄清效果更好。

（5）灭菌、成品　澄清后的酒液经巴氏杀菌后，立即进行无菌灌装即为成品。

（三）质量指标

（1）感官指标　果香浓郁，色泽鲜亮，口感幽雅；酒液澄清透明，呈紫红色；酒香、果香明显，持久而协调。

（2）理化指标　酒精度12%～13%，总糖含量（以葡萄糖计）20～27g/L，总酸含量（以柠檬酸计）5～7g/L，总二氧化硫≤200mg/L，游离二氧化硫≤40mg/L。

（3）微生物指标　沙门菌和金黄色葡萄球菌不得检出。

三、酥枣高粱复合果酒

（一）工艺流程

酥枣鲜果→挑选、清洗、去核→榨汁→枣泥

↓

去壳高粱→清洗→浸泡→蒸熟→淋冷→拌曲→糖化→发酵→澄清→过滤→调配→杀菌→成品

（二）操作要点

（1）果汁制备　挑选完好、成熟、颗粒大小均匀的酥枣，洗净加入2倍酥枣重量的无菌水，榨汁机破碎取汁，果汁黏稠无大颗粒即可，果汁备用。

（2）高粱处理　高粱洗净，为了原料有效地吸水膨胀用捣碎机进行粉碎，然后润粮16h，水量盖过高粱2cm，电饭煲进行蒸熟。

（3）发酵将枣汁和高粱按照4∶1（质量比）混合均匀后，加入0.4%小曲，拌曲均匀后，于28℃条件下进行发酵10d。

（4）澄清　将2%壳聚糖作为澄清剂加入，搅拌均匀，沉淀稳定后过滤。

（5）杀菌　将调整后的混合汁在70℃水浴杀菌15min。

（6）成品　杀菌后的酒液，冷却到室温后立即进行无菌灌装即为成品。

（三）质量指标

（1）感官指标　淡黄色，鲜亮透明；有酥枣特有的果香和高粱的香气，复合酒香突出；酸甜适中，酒体丰满。

（2）理化指标　酒精度10%～11%，总糖（以葡萄糖计）15～25g/L，总酸（以柠檬酸计）7～9g/L。

（3）微生物指标　沙门菌和金黄色葡萄球菌不得检出。

四、血糯桂圆酒

（一）工艺流程

血糯、桂圆→筛选→清洗→加水蒸煮→成分调整→酵母活化与接种→发酵→

放置陈酿→澄清→装瓶→成品

(二)操作要点

(1) 原料处理　选取优质血糯和成熟桂圆，桂圆去壳清洗后，按血糯与桂圆质量比为 3∶1 混合后蒸煮 15min，冷却备用。

(2) 成分调整　添加白砂糖使其糖度达到 12%。

(3) 发酵　添加 8%的葡萄酒用酵母，在 24℃下保温发酵 7d。

(4) 陈酿　在 10～12℃条件下陈酿 30d，陈酿后用硅藻土过滤机过滤。

(5) 成品　过滤后的酒液立即进行无菌灌装即为成品。

(三)质量指标

(1) 感官指标　色泽浅黄，晶亮透明，具有和谐的糯米桂圆香味，醇和浓郁。

(2) 理化指标　酒精度 7%～9%，总糖（以葡萄糖计）≤4g/L，总酸（以柠檬酸计）5～6g/L。

(3) 微生物指标　沙门菌和金黄色葡萄球菌不得检出。

五、发酵型青梅枸杞果酒

(一)工艺流程

枸杞→挑选→清洗→预煮→浸提→粗滤→枸杞汁
↓
青梅→挑选、漂洗→压榨→青梅汁→混合→成分调整→发酵→陈酿→过滤→灌装→成品

(二)操作要点

(1) 枸杞汁制备　挑出个大、果肉厚、无虫蛀、无外伤的枸杞果，用清水冲洗。加枸杞重量 4 倍的水在 85℃下预煮 30min。预煮后冷却至 60℃条件下浸提 4h，用 120 目滤布过滤，残渣再加 4 倍水在 60℃浸提 4h 后用 120 目滤布过滤，2 次滤液混合得枸杞汁。

(2) 青梅汁制备　将霉烂果、生青果等去除。用清水反复冲洗青梅，沥干水后用破碎机将果挤破，要保证每粒果都处于破碎状态，用压榨机压榨出汁。

(3) 混合发酵　将制备好的枸杞汁和青梅汁按 1∶4 比例混合均匀，加入 2%的蜂蜜，用蔗糖调整糖度至 20%，酸度用柠檬酸进行调整。将活化好的葡萄酒酵母液按 3%接入到发酵液中，控温 20℃发酵，每天搅拌 1～2 次，发酵 4～5d，用 120 目滤布过滤得原酒。

(4) 陈酿　将原酒在 10℃陈酿 3 个月以上，在储存期间采用虹吸法除去沉

淀物。

(5) 澄清过滤　在装瓶前采用明胶、皂土进行澄清处理，试验证明，明胶用量0.04%和皂土用量0.1%时澄清效果最好。过滤除去沉淀。

(6) 杀菌　灌装后于63℃杀菌30min，即得成品。

(三) 质量指标

(1) 感官指标　具有青梅果汁本色或橙黄色，富有光泽；澄清透明，无杂质；具有青梅特有的清香味；口感醇厚，清新爽口。

(2) 理化指标　酒精度10%～12%，总糖（以葡萄糖计）6～8g/L，总酸（以柠檬酸计）4～5g/L。

(3) 微生物指标　沙门菌和金黄色葡萄球菌不得检出。

六、越橘红豆果酒

(一) 工艺流程

红豆蒸煮→出锅冷却→打浆 ↓

鲜果挑选→剥皮→分瓣→去籽→榨汁→调整成分→混合→接种→主发酵→酒渣分离→后发酵→倒罐→陈酿→澄清→过滤→装瓶→成品

(二) 操作要点

(1) 原料预处理　挑选充分成熟、无病虫害的越橘鲜果，用清水洗去表面泥沙，经手工剥皮、分瓣、去籽后用原汁机破碎榨汁，弃去果渣，得越橘汁。

(2) 调整成分　越橘汁糖度为12%左右，为酿制酒精度为11%的果酒，将越橘汁糖度调整到18%，越橘汁pH值为3.5～4.5，无需进行调整。

(3) 酵母活化　准确称取待发酵液质量0.02%的活性干酵母，加入一定体积的待发酵液溶解，在37℃水浴中活化30min至大量发泡。

(4) 红豆处理　选择颜色暗红、有光泽的优质红豆，洗净后加水浸泡12～16h。将浸泡好的红豆与自来水质量比1∶8放入锅中加热蒸煮20min，冷却。然后取10%红豆汁加入果汁中。

(5) 接种　将活化后的酵母缓慢倒入待发酵液中，边加边搅拌。

(6) 主发酵　将发酵液置于26℃条件下发酵6d，酒精度达11%，糖度降至6%以下，完成酵母的主发酵过程。

(7) 酒渣分离　主发酵结束，采用虹吸法分离酒脚，转入后发酵。

(8) 后发酵　后发酵温度为15～20℃，发酵30d后进行倒罐处理，分离酒脚。

(9) 陈酿　于18℃满罐放置3个月，每隔1个月倒罐1次，以分离沉渣及酒脚，以防止酒脚给原酒带来异味。

（10）澄清、过滤　使用1%的壳聚糖对酒进行澄清处理，用量为0.6g/L，用4层纱布过滤后即可装瓶，得果酒成品。

（三）质量指标

（1）感官指标　澄清透亮，有光泽，橙黄色，香气协调、优雅，具有明显的越橘果香与红豆香，酒体丰满，醇厚协调，舒服爽口，回味延绵，具有越橘的独特风格，优雅无缺。

（2）理化指标　酒精度11%，总糖（以葡萄糖计）≤4g/L，总酸（以柠檬酸计）5～6g/L。

（3）微生物指标　沙门菌和金黄色葡萄球菌不得检出。

七、枸杞菠萝复合果酒

（一）工艺流程

枸杞→煮制→打浆→浸提→离心过滤

↓

菠萝→去皮、打浆→过滤→混合→调整糖度→主发酵→后发酵→过滤→灌装→成品

（二）操作要点

（1）原料预处理　选用成熟度高的菠萝果实，剔除腐烂、病虫危害、伤残次果。彻底清洗污物后，去皮、切块。

（2）枸杞汁制备　挑出个大、果肉厚、无虫蛀、无外伤的枸杞果，用清水冲洗。加枸杞重量4倍的水在85℃下预煮30min。预煮后冷却至60℃条件下浸提4h，用120目滤布过滤，残渣再加4倍水在60℃浸提4h后用120目滤布过滤，2次滤液混合得枸杞汁。

（3）糖度调整　枸杞汁与菠萝汁的比例按照质量比1∶2的比例混合，果汁发酵前调整糖度为20%、pH值为4.0左右。

（4）酵母活化　选用35℃含2%～3%的白砂糖水溶液将干酵母活化40min，然后按0.02%的干酵母量将干酵母活化液加入发酵容器中。

（5）主发酵　将待发酵果汁的糖度调整后添加70mg/L焦亚硫酸钠抑制杂菌，然后加入活化后的酵母液，摇匀，在25℃的温度下发酵。当糖度降至10%以下时开始分离，转入后发酵阶段。期间定期测定发酵液中的总糖、总酸和乙醇含量，发酵7d左右。

（6）后发酵　将主发酵结束后的果酒分离过滤，除去沉积的易产生不良气味的物质。装满另一专用发酵容器，密封，温度控制在21～22℃，静置发酵20d。

(7) 过滤 按0.6g/L明胶和1g/L皂土加入混匀，在低温静置24h沉降，并通过皂土过滤，得到清亮原酒，再进行3个月的陈酿。

(8) 成品 过滤后的酒液立即进行无菌灌装即为成品。

(三)质量指标

(1) 感官指标 澄清，透明，光泽度高；香气具有典型性，酒香浓郁，香气协调、愉悦，具明显特征；酒体优雅、丰富，令人印象深刻。

(2) 理化指标 酒精度12%～14%，总糖（以葡萄糖计）5～7g/L，总酸（以柠檬酸计）6～7g/L。

(3) 微生物指标 沙门菌和金黄色葡萄球菌不得检出。

八、桂花鸭梨复合型果酒

(一)工艺流程

鲜鸭梨→清洗、浸泡→去皮、去芯、去梗、切块→破碎、榨汁→护色杀菌→调糖、调酸→发酵（酵母、干金桂）→倒罐→陈酿→澄清处理、过滤→调整成分→精滤→灭菌→灌装→成品

(二)操作要点

(1) 原料选择 选择经过低温干燥的干金桂，色泽保持较好，花香浓郁；选择汁水丰富、酸甜适口、出汁率在75%左右的鸭梨。

(2) 护色杀菌 鸭梨榨汁后立即按85mg/L的比例加入无水亚硫酸钠，防止色变的同时起到杀菌的作用。

(3) 调糖调酸 采用柠檬酸或氢氧化钠作为pH调节剂，白砂糖作为糖度的调节剂，使糖度达到22%。

(4) 酵母的活化 称取5g葡萄糖加入100mL蒸馏水中，在60～80℃水浴中巴氏杀菌2h，配成5%的葡萄糖溶液备用，然后再称取5g葡萄酒高活性干酵母放于装有100mL备用的葡萄糖溶液的250mL三角瓶中，放置到30℃恒温水浴中活化30min，每10min摇晃1次，至有大量气泡产生即活化完毕。

(5) 接种 每100mL汁液中加入3mL已活化的酵母，同时加入0.4g桂花进行发酵，22℃条件下发酵6d。

(6) 澄清 加入0.03%的明胶作为快速澄清剂，使酒体清亮透明。

(7) 陈酿 10～15℃条件下陈酿1个月后过滤。

(8) 成品 过滤后的酒液经巴氏杀菌后，即可进行无菌灌装。

(三)质量指标

(1) 感官指标 鲜明、协调，无褪色、变色；澄清、透亮，无沉淀、无悬浮

物、无失光现象；具有花香、果香，酒香柔和、浓郁持久，无异臭；滋味纯正、协调、柔美、爽适，有余香，无异味；具有本品特有的风格。

(2) 理化指标　酒精度10%～11%，含糖量（以葡萄糖计）≤5g/L；总酸(以柠檬酸计) 5～6g/L，总酯（以乙酸乙酯计）1.81g/L。

(3) 微生物指标　沙门菌和金黄色葡萄球菌不得检出。

九、火龙果苹果复合果酒

(一) 工艺流程

(1) 原料苹果→选果→清洗→削皮、去核、切碎→护色→打浆→酶处理→过滤

(2) 原料火龙果→选果→去皮、切碎→护色→打浆→酶处理→过滤

(3) 混合果汁→果汁调整（糖度、酸度调整）→酵母接种→果汁→酒精发酵→澄清→灌装→成品

(二) 操作要点

(1) 原料选择　选择新鲜、成熟、无病虫害及无霉烂变质的苹果和火龙果。

(2) 去皮、去核、切碎、护色　将洗净的苹果去皮、去核并切成小块，将火龙果去皮，切块。并将去皮、切块的苹果和火龙果快速放入含有1%～2%食盐及0.1%～0.2%柠檬酸的混合溶液中进行护色。

(3) 打浆　将切成块状的苹果和火龙果用榨汁机分别进行榨汁，并向榨好的果汁中分别加入0.15g/kg的异抗坏血酸钠护色。

(4) 酶处理　向苹果汁和火龙果汁中分别添加水果质量0.3%的果胶酶，在50℃的恒温水浴中静置1h。

(5) 调配混合果汁　将过滤的苹果汁和火龙果汁分别按照2∶1的体积比例进行混合并置于透明的杯子中，搅拌均匀。

(6) 果汁成分调整　将果汁按照比例混合后，用pH值计测量混合果汁的pH值，用柠檬酸将pH值调整到4.0左右，根据最终复合果酒理化指标中的酒精度调整糖度，将所需一定量的白砂糖加入果汁中，搅拌使充分溶解，使其糖度达到19%。

(7) 接种发酵　将0.95%的酵母加入适量的38℃混合果汁中搅拌溶解，静置15～30min后，搅拌冷却至28～30℃即可使用，将调整好糖度和酸度的果汁接入活化酵母，温度控制在25～28℃，进行发酵7d。

(8) 澄清、过滤　待发酵结束后，虹吸过滤沉淀，得到澄清果酒。

(9) 陈酿　将澄清的复合果酒放入经过灭菌的玻璃容器中，密封，置于阴暗处陈酿1个月。

(10) 成品 将陈酿后的酒液过滤后，即可进行无菌灌装。

(三) 质量指标

(1) 感官指标 淡黄色自然，悦目协调，澄清，透亮，有光泽；果香、酒香优雅和谐，协调悦人，酒体丰满，有新鲜感，醇厚协调、舒服、爽口；溶液均匀一致且无悬浮、无沉淀。

(2) 理化指标 酒精度11%～13%，还原糖2～3g/L，总酸（以柠檬酸计）5～7g/L。

(3) 微生物指标 沙门菌和金黄色葡萄球菌不得检出。

十、玫瑰茄桑葚复合果酒

(一) 工艺流程

鲜桑葚→清洗→破碎→压榨→果汁

↓

干玫瑰茄→冲洗→压碎→热浸提→滤汁→混合→发酵→后发酵→陈酿→过滤→装瓶→杀菌→冷却→成品

(二) 操作要点

(1) 原料的预处理 选择新鲜紫色的桑葚，清洗后用螺旋榨汁机榨取原汁，同时喷0.02%维生素C和0.01%二氧化硫溶液进行护色，得深紫色原汁。选择的干玫瑰茄要求无虫蛀、颜色鲜艳，冲洗后用机械压碎，放入不锈钢保温桶中，然后加适量热水，加盖，进行浸提，最后再通过分离器进行粗滤，备用。

(2) 优化配比 桑葚汁∶玫瑰茄汁为10∶1，然后分别倾入恒温自动发酵罐中，开动搅拌器，混合均匀。在调整过程中，糖可先用少量果汁溶解后再加入发酵液中，加糖量为4%；通过添加适宜比例的柠檬酸满足发酵所需的酸度，从而得到桑葚玫瑰茄复合果汁，作为发酵用的培养基。

(3) 接种发酵 向桑葚玫瑰茄复合果汁中接入预先培养好占复合果汁量3%～5%的酵母菌，然后混合均匀，进行保温发酵培养。发酵温度为26℃左右，发酵时间为9d。当酒渣全部沉底，含糖量为1%～2%时，即可结束前发酵过程，进行过滤，除去酒渣，将上清液装入罐中，进行后发酵。后发酵时间一般为2周，分解剩余的糖分，当测得发酵液含糖量降为0.1%～0.5%，并且糖分不再降低，无气体释放时，结束后发酵，转入陈酿阶段。

(4) 陈酿 将发酵液进行再过滤，除去沉淀，将清液装满储酒容器中，密封，然后放在清洁、阴凉、干燥、通风、避光的地方静置陈酿，陈酿时间为30～60d。

(5) 过滤 陈酿结束后，进行过滤，以便再次除去沉淀物。

（6）调整成分　根据最佳风味试验，进行糖度、酸度、酒精度和香味的进一步调整，调整到适合产品要求，使产品规格一致。

（7）过滤、装瓶、杀菌　将调整后的桑葚玫瑰茄复合果酒的半成品用硅藻土过滤机过滤，然后装入预先消毒过的玻璃酒瓶中，进行快速定量灌装，立即密封。然后进入杀菌阶段，杀菌采用常温常压杀菌法，75℃维持杀菌时间10min。

（8）冷却　杀菌结束后，立即进行分段冷却，先60℃温水中冷却，后放入40℃水中冷却，取出晾干至室温。

（三）质量指标

（1）感官指标　酒液玫瑰红色，清澈透明，无浑浊沉淀；具有醇正、优雅的酒香气；酸甜适口，口感细腻，滋味绵长，风味独特。

（2）理化指标　酒精度12%，糖度（以葡萄糖计）≥18.5g/L，总酸（以柠檬酸计）3.5～4g/L，总二氧化硫≤120mg/L。

（3）微生物指标　沙门菌和金黄色葡萄球菌不得检出。

十一、芒果与番茄复合发酵果酒

（一）工艺流程

芒果→清洗→热烫→去皮去核→打浆┐
番茄→清洗→打浆┘→调配混合→果胶酶处理→加硫片→

调整pH值→加糖→静置→添加酵母→主发酵→分离→过滤→澄清→杀菌→陈酿→成品

（二）操作要点

（1）热烫　清洗干净的芒果放入开水中，热烫4min，去皮去核，钝化酶的活性，减少果肉褐变。

（2）打浆　将去皮去核的芒果切块，放入打浆机中打浆。

（3）混合　洗净的番茄去籽，打浆。芒果∶番茄的质量比为7∶3。

（4）果胶酶处理　在混合果浆中添加0.02%的果胶酶，45℃恒温12h，提高出汁率。

（5）加硫片　在混合果浆中添加0.01%硫片，抑制杂菌的生长。

（6）调节pH、加糖　添加柠檬酸和小苏打调节pH为3.5，加适量的冰糖使其糖度达到30%。

（7）主发酵　将活化好的酵母按0.2%接种到混合果浆中，在20℃温度下进行主发酵，发酵时间为7～10d。

（8）过滤、杀菌、陈酿　主发酵结束后过滤，经80℃、15min杀菌后，进行陈酿 30d。

(9) 成品　陈酿后的酒液经过滤后，即可进行无菌灌装。

(三) 质量指标

(1) 感官指标　金黄色；澄清透明，晶莹，有光泽，无浑浊现象；香气纯正和谐，让人感觉愉悦，有番茄和芒果混合后的特殊香气和酒香，无其他让人难以接受的异味；酸味柔和，酒体丰满、圆润、爽口，饶有余味。

(2) 理化指标　酒精度 14%～18%，总糖（以葡萄糖计）≤4g/L，总酸（以柠檬酸计）3～4g/L。

(3) 微生物指标　沙门菌和金黄色葡萄球菌不得检出。

十二、芒果火龙果复合果酒

(一) 工艺流程

火龙果原料挑选→火龙果去皮→切分→破碎→打浆
芒果原料挑选→芒果热烫→去皮、去核→切分→破碎→打浆
→混合→杀菌→冷却→成分调整→酒精发酵→过滤→灌装→陈酿→成品

(二) 操作要点

(1) 原料挑选　选择新鲜、无虫害、成熟的火龙果和芒果。

(2) 去皮、切块、切分、打浆　火龙果去皮，切块，放入榨汁机中打浆；芒果用 90～95℃沸水漂烫 3min，去皮，切块，打浆。

(3) 混合　火龙果浆和芒果浆按质量比 2∶1 比例混合，二氧化硫添加量为 80mg/L。

(4) 杀菌　将混合好的果浆置于 70℃水浴中杀菌 10min，取出，冷却至室温。

(5) 成分调整　为保证果酒的正常发酵，用柠檬酸将 pH 值调整到 3.8 左右，将白砂糖溶于果浆中使其含糖量达到 26%。

(6) 发酵　按照试验设计添加 0.2g/L 的酵母菌，搅拌均匀，置于 24℃的温度条件下进行酒精发酵，每天测定其酒精度、残糖量的变化，连续测定 7d。

(7) 过滤、灌装、陈酿　主发酵结束后，将果酒进行过滤，除去沉淀后转移至新罐子中进行陈酿，10～12℃保温 30d。

(8) 成品　陈酿后的酒液经过滤后，立即进行无菌灌装。

(三) 质量指标

(1) 感官指标　色泽鲜红，带有淡淡的芒果和火龙果香味与浓郁的酒香，是

一款集芒果和火龙果营养与风味及口感独特的果酒。

(2) 理化指标　酒精度13%～16%，总糖（以葡萄糖计）7～8g/L，总酸（以柠檬酸计）4～5g/L。

(3) 微生物指标　沙门菌和金黄色葡萄球菌不得检出。

十三、金红果葡萄复合果酒

(一) 工艺流程

金红果→清洗→切块→打浆→压榨→过滤→金红果汁
葡萄→冲洗→压榨→过滤→葡萄汁
—混合→调整→主发酵→后发酵→澄清→储存→过滤→灌瓶→杀菌→成品

(二) 操作要点

(1) 金红果汁的制取　挑选成熟金红果，要求无霉烂，颜色为青色。用清水冲洗，清除金红果表面上的杂质，切成3cm见方的小块，放入榨汁机内榨汁。取经三层纱布过滤后的金红果原汁。

(2) 葡萄汁的制取　选取饱满、无虫蛀、无霉变的鲜葡萄，用清水将葡萄清洗干净，放入榨汁机内榨汁，并加入0.1%果胶酶处理45min。取经三层纱布过滤后的葡萄原汁。

(3) 调整　将金红果汁与葡萄汁按3∶1质量比进行充分混合，然后加入7%的白砂糖，再加入50mg/L二氧化硫。

(4) 酵母的活化　将干酵母按1∶15的比例投放于36～38℃的温水中活化20min制成酵母乳液。

(5) 主发酵　把陶瓷发酵罐清洗干净，控干，然后将调整后的混合浓缩汁装到陶瓷发酵罐容量的70%，再将3%酵母乳液放入陶瓷发酵罐中，密封后放入24℃恒温酒柜控制发酵温度发酵，直至糖度降为5g/L。

(6) 后发酵　将酒液转换至另一个发酵罐中，将容器灌满，放置1个月。

(7) 澄清　把发酵结束后的发酵液进行冷冻处理，使其在−3℃条件下保持8d达到澄清效果。

(8) 储存　将澄清过后的果酒放入恒温酒柜中储存3个月进行后熟。

(9) 包装　过滤，迅速罐瓶，封盖，用巴氏杀菌法进行杀菌，条件为60～65℃，保持30min。冷却至室温后即可灌装。

(三) 质量指标

(1) 感官指标　淡玫瑰红；具有纯正果香与酒香；具有优美纯正、和谐悦人的口味；具有产品特有的风格。

（2）理化指标　酒精度7%～15%，含糖量（以葡萄糖计）≤4g/L，干浸出物≥17g/L，挥发酸≤1.2g/L。

（3）微生物指标　沙门菌和金黄色葡萄球菌不得检出。

十四、海红果苹果复合汁果酒

（一）工艺流程

海红果、苹果→果汁→调配→杀菌→接种发酵→后发酵→调整成分→陈酿→下胶澄清→过滤→灌装→成品

（二）操作要点

（1）原汁配比　海红果汁、苹果汁按1∶1（质量比）比例混合，把糖分调整至23%，添加0.5%维生素C，采用巴氏杀菌杀灭果汁中的野生杂菌，冷却至室温。

（2）接种发酵　活性干酵母用量为0.04%，采用控温发酵，控制温度为25℃，发酵10d，发酵液已变清亮，酒香浓郁。

（3）陈酿　主发酵结束，换桶除去酒脚，进行后发酵，后发酵结束再行换桶，然后陈酿。陈酿要求满桶，避免果酒过多接触空气。

（4）下胶澄清　发酵好的果酒在较长时间内是浑浊的，应加入1.5%明胶、1%皂土等澄清剂，使果酒中悬浮胶体蛋白质很快生成絮状沉淀。

（5）过滤　澄清后的酒液经硅藻土过滤机进行过滤。

（6）成品　过滤后的酒液立即进行无菌灌装即为成品。

（三）质量指标

（1）感官指标　金黄色，悦目协调，澄清，透明，有光泽；苹果、海红果香浓，酒香浓郁、优雅、协调悦人；酒体丰满，有新鲜感，醇厚协调、舒服、爽口，口味绵延；酒质柔顺，柔和爽口，甜酸适当；典型完美，风格独特，优雅无缺。

（2）理化指标　酒精度12%～13%，总糖含量（以葡萄糖计）28～38g/L，总酸含量（以柠檬酸计）5～7.5g/L，干浸出物含量≥14g/L。

（3）微生物指标　沙门菌和金黄色葡萄球菌不得检出。

十五、脐橙石榴复合果酒

（一）工艺流程

脐橙→筛选清洗→去皮、去白筋、去籽→榨汁
　　　　　　　　　　　　　　　　　　↓
石榴→筛选清洗→去皮→压榨取汁→过滤→混合→调整成分→杀菌→发酵→下胶→陈酿→成品

（二）操作要点

（1）脐橙榨汁　选取优质成熟好的脐橙，人工去皮去籽后，用榨汁机榨汁。

（2）石榴去皮　石榴皮中含有大量的单宁，如不将其除去而混入发酵醪中，会使发酵醪中单宁的浓度过高，从而阻碍酵母发酵。石榴皮质坚硬，且有内膜，籽粒易破碎，故难以用机械去皮，一般仍用人工去皮。

（3）石榴取汁　采用气囊式压榨机，这样可避免将内核压破，因内核中含有脂肪、树脂、挥发酸等物质，会影响石榴酒的风味。可将果核加糖发酵后进行萃取，萃取液供勾兑调配时使用。

（4）成分调整　将脐橙汁与石榴汁按 2∶3 质量比混合，然后调整糖度。可用加糖或浓缩两种方式，一般采用一次加糖法较多。用酒石酸调整酸度，每 1kg 果汁中需添加 180g 酒石酸。亦可用柠檬酸调整酸度。若石榴汁酸度过高，可用碳酸钙降酸。

（5）澄清杀菌　混合汁在发酵前应做澄清和杀菌处理。澄清剂可用膨润土，并加入二氧化硫杀菌，一般用量为 100mg/L。

（6）发酵　主发酵过程进行 3 次倒罐，使发酵液循环流动，便于通风，并且可以充分提取石榴膜皮中的芳香成分。发酵温度控制在 26～28℃，当糖分下降、相对密度达到 1.020 左右时即分离发酵液上面的石榴内膜皮，大约需 4～5d。此时获得的酒色泽鲜艳、爽口、柔和、果香较好，且保存性能良好。如果石榴内膜皮浸在发酵液内待发酵到糖分全部变成酒精，酿成的酒的酒体较粗糙涩口，发酵时间也会延长到 6～7d。

（7）后期管理　待发酵液相对密度降至 1.020 左右时，即可将新酒放出，送往密闭的储酒罐中，换罐时不要与空气过多接触。在后期的储存中应注意换罐，满罐及时下胶，随时观察品尝。

（8）成品　陈酿 1 个月以上之后，就可进行无菌灌装即为成品。

（三）质量指标

（1）感官指标　透明、清亮、有光泽；果香、酒香浓郁，无异味；醇厚协调、舒服、爽口，回味延绵，风格独特；典型完美，独具一格，优雅无缺。

（2）理化指标　酒精度 10%，总酸（以柠檬酸计）3.6g/L，总糖（以葡萄糖计）15g/L。

（3）微生物指标　沙门菌和金黄色葡萄球菌不得检出。

十六、野生山里红与山楂复合果酒

（一）工艺流程

野生山里红与山楂鲜果→选果、洗果→去核、破碎→主发酵→压榨分离果汁

果渣→后发酵→陈酿→澄清→调配→装瓶→杀菌→检验→成品

（二）操作要点

（1）选果　选择新鲜、无病虫害，具有良好风味，色泽紫红均一的优质果。

（2）破碎　山里红与山楂的质量比为 2∶3，果肉破碎率达到 97%以上，在此期间，加入 1%的异抗坏血酸钠、50mg/L 的亚硫酸和 0.5%的果胶酶，要求榨汁后应立即添加。

（3）主发酵　用柠檬酸调节果浆酸度，然后向果浆中添加 15%糖化液、0.5%活性酵母进行主发酵，控制好发酵温度 22℃。发酵时用 6 层纱布盖发酵罐，并不密封，发酵 10d 后，过滤后进行后发酵。

（4）后发酵　后酵期间加强管理，保持容器密封、桶满，原酒储存室温度要求 18℃，保持 20d 左右，然后过滤除去杂质。

（5）澄清　室温 15～20℃左右，用 0.5%明胶和 0.5%单宁制备成的混合下胶液进行澄清处理。

（6）杀菌、检验、成品　杀菌温度为 80℃，时间是 15min，冷却后，成品酒置于 10℃左右的低温条件下保存。

（三）质量指标

（1）感官指标　色泽鲜亮，有浓郁的酒香和果香，口感醇厚，酸甜适中，酒体丰满。

（2）理化指标　酒精度 13%～14%，总酸（以柠檬酸计）5～6g/L，残糖 3.5g/L。

（3）微生物指标　沙门菌和金黄色葡萄球菌不得检出。

十七、樱桃草莓复合果酒

（一）工艺流程

樱桃、草莓→分选→清洗→榨汁→调整成分→接种→发酵→澄清处理→灌装→成品

（二）操作要点

（1）原料选择　选取新鲜成熟的樱桃和草莓，清洗干净后，沥干水分。

（2）榨汁　选取樱桃、草莓的质量比为 3∶2，然后进行榨汁。果汁中加入等量的纯净水，并添加偏重亚硫酸钾（有效二氧化硫以 60%计），使果汁中有效二氧化硫达 150mg/L，将 0.3%～0.4%的果胶酶用 5 倍 40℃温水稀释浸泡 1～2h 后倒入果汁中，搅匀，于 30℃条件下，经 8h 后压榨过滤。

（3）成分调整　果汁含糖量不足，需加糖发酵；酸度不足，以柠檬酸调整，

若酸度过高，用碳酸钙降酸。

(4) 发酵　控制20℃左右，发酵16d后，主发酵基本完成。此时，残糖在1.5g/100mL左右，虹吸清液于储罐，再补加50mg/L的二氧化硫，经15d后转罐1次，共转罐2次后于15℃条件下密封储存2～3个月。

(5) 调配、澄清　果酒储存后，按产品设计的质量标准，对原酒的糖、酒、酸度进行调配。采用明胶澄清法，在15℃条件下下胶，静置10d，虹吸上清液，用硅藻土过滤或膜过滤，进行无菌灌装。

（三）质量指标

(1) 感官指标　浅红色，果香馥郁，典型性突出，口味柔和，酸甜适宜，酒香协调。

(2) 理化指标　酒精度13%～14%，总糖（以葡萄糖计）≥35g/L，总酸（以柠檬酸计）3～5g/L。

(3) 微生物指标　沙门菌和金黄色葡萄球菌不得检出。

十八、刺梨酥李复合果酒

（一）工艺流程

原材料挑选→清洗→冷冻→榨汁→过滤→酶解浸渍→菌种活化→成分调整→主发酵→后发酵→陈酿→过滤→装瓶→成品

（二）操作要点

(1) 原料选择　选取优质成熟好的刺梨、酥李。

(2) 冷冻与榨汁　将选好并经过清洗的刺梨、酥李分别放置于冰箱中冷冻12～18d后，于室温或者冷水中解冻，分别用榨汁机破碎取汁，果汁经过滤备用。

(3) 酶解浸渍　将刺梨、酥李汁以3∶1的质量比例倒入小型控温浸渍罐中，加入活化好的果胶酶50～70mg/L，循环搅拌均匀，于18～22℃温度下浸渍15～20h。

(4) 菌种活化　将活性干酵母（6×10^3活菌数/mL）、葡萄酵母（6×10^3活菌数/mL）分别加入10倍含4%葡萄糖的无菌水溶液中，轻轻摇晃使菌体分散开，于35℃保温20～30min，每10min振荡1次，至有大量气泡产生时即活化完毕；然后经一级驯化培养、二级驯化培养和三级驯化培养，即得生产酒母，培养好的酒母即可直接接入刺梨、酥李汁中发酵。

(5) 成分调整　用白砂糖调整其糖度为20%～25%；用柠檬酸和纯净水调整其pH值为4～5，二氧化硫添加量60～80mg/kg。

(6) 前发酵　接种活化的干酵母0.3%～0.5%后置于20～24℃下发酵15～20d；可使果酒酒精度达13%，果酒色泽淡黄，清亮透明。

(7) 后发酵　前发酵后换桶，于18～20℃温度下后发酵10～15d。

(8) 陈酿　后发酵好的刺梨、酥李复合果酒于冷5℃热30℃交换处理方式陈酿2～3个月，期间进行换桶2次。

(9) 过滤与装瓶　将陈酿后的酒液调配好，存放7～10d，过滤后装瓶，即得刺梨酥李复合果酒。

（三）质量指标

(1) 感官指标　酒体无沉淀物，澄清透明，果香、酒香浓郁优雅，协调悦人，酸度适中。

(2) 理化指标　酒精度12%～14%，总糖（以葡萄糖计）≤5g/L，总酸（以柠檬酸计）3～4g/L。

(3) 微生物指标　沙门菌和金黄色葡萄球菌不得检出。

十九、枸杞覆盆子复合果酒

（一）工艺流程

覆盆子、枸杞干果→挑选去杂→成分配比→接菌发酵→抽滤→陈酿→过滤澄清→装瓶→灭菌→成品

（二）操作要点

(1) 原料选择　选取新鲜优质的覆盆子、枸杞干果，去除杂质，粉碎后过60目筛备用。

(2) 成分配比　将经粉碎后的覆盆子与枸杞按质量比2∶1混合均匀，混合后的干果按料水比1∶60（g/g）添加净水，添加一定的质量分数的蔗糖，使发酵后酒液的酒精度达到12%，并适量添加SO_2后备用。

(3) 发酵　将0.5%活化好的酿酒酵母加入至配比液中进行控温发酵，发酵温度为17～18℃，发酵7d。

(4) 陈酿　发酵结束后，经抽滤后进行陈酿，陈酿温度14～16℃，时间60d左右，然后过滤澄清，去除酒脚，添加1%的单宁和1.5%的明胶，静置48h后过滤澄清，装瓶。

(5) 灭菌、成品　经陈酿后的瓶装酒进行高温瞬时灭菌，冷却后冷藏储存。

（三）质量指标

(1) 感官指标　无悬浮物及沉淀物，澄清透明，色泽宝石红；气味醇香甘爽，具有覆盆子和枸杞清香，爽口协调，口味纯正，无异香。

(2) 理化指标　酒精度12%～14%，总糖（以葡萄糖计）≤5g/L，挥发酸（以乙酸计）0.7g/L，游离二氧化硫≤250mg/L。

（3）微生物指标　沙门菌和金黄色葡萄球菌不得检出。

二十、蓝靛果蓝莓复合果酒

（一）工艺流程

鲜蓝靛果、蓝莓→漂洗→去杂、破碎→混合果浆（补糖）→入桶（添加二氧化硫）→低温发酵→分离、压榨→压榨酒→后发酵→倒桶→下胶澄清→冷冻→过滤→陈酿→发酵原酒→调配→过滤→灭菌→灌装

（二）操作要点

（1）果实破碎　果实经漂洗去杂后，用不锈钢打浆机破碎成2～3mm果浆，将蓝靛果与蓝莓果浆按照1∶1质量比倒入已灭菌的发酵桶中，入料量为容积的60%。

（2）调糖、接种　果浆装入发酵桶后加入50mg/kg二氧化硫，搅匀，密封处理8h，补加糖液至24%（可分批添加），加入已活化的酵母。

（3）发酵　主发酵控制温度18～20℃，每天搅拌2次，并测定温度、测定可溶性固形物含量及pH变化，发酵10～12d。主发酵结束，残糖不再降低，进行渣汁分离，放出自流酒和压榨酒，按5∶1进行混合，用蓝靛果白兰地或食用酒精调整酒精含量至10%～12%，密封，后发酵60d，保持后发酵温度16～18℃，期间进行2次倒桶去掉酒脚，第1次倒桶在渣汁分离后10d，第2次倒桶在30d左右进行。

（4）储存陈酿　后发酵结束，进行第3次倒桶，下胶澄清，明胶用量为55～70g/L。冷冻后过滤，以保持酒体稳定，然后转入大缸，添满，调酒精含量至10%～14%，陈酿3个月以上。

（5）原酒调配　调配时按配方设计进行，应补加糖，补酸。

（6）成品　调配完成后的酒液经巴氏杀菌，冷却后立即进行无菌灌装。

（三）质量指标

（1）感官指标　酸甜适口，清澈透明，颜色为宝石红色，具有蓝靛果、蓝莓特有的风味，酒香醇厚，果香浓郁，协调怡人，风格独特。

（2）理化指标　酒精度11%～14%，糖含量4%～8%，总酸含量0.5～0.7g/100mL。

（3）微生物指标　沙门菌和金黄色葡萄球菌不得检出。

二十一、百香果山药复合果酒

（一）工艺流程

百香果→挑选→洗净→切分→榨汁→过滤→百香果汁

山药→挑选→清洗→去皮→切片→护色→煮沸灭酶→榨汁→糊化→淀粉酶酶解→煮沸灭酶→过滤→山药汁

百香果汁、山药汁按配比混合→调配→接种酵母→主发酵→倒瓶→后发酵→澄清→灌装→杀菌→陈酿→成品

（二）操作要点

（1）切片护色　将山药切成约5mm厚的薄片，用混合液（柠檬酸0.25%，维生素C0.2%，NaCl0.3%）进行护色，护色时间为45min。

（2）煮沸灭酶　护色后取出山药薄片，称质量，加入4倍山药质量的水，煮沸灭酶2min。

（3）糊化　80～85℃糊化20min。

（4）酶解　加入0.05%淀粉酶，30℃酶解20min。

（5）煮沸灭酶　酶解后的山药汁煮沸灭酶2min，冷却，备用。

（6）混合　将百香果汁与山药汁按照3：1质量比混合，添加白糖使其糖度达到28%，酸度用柠檬酸调节。

（7）发酵　主发酵控制温度18～20℃，每天搅拌2次，并测定温度、测定可溶性固形物含量及pH变化，发酵5～7d。主发酵结束，残糖不再降低，进行渣汁分离，密封，后发酵60d，保持后发酵温度14～16℃，期间进行2次倒桶去掉酒脚，第1次倒桶在渣汁分离后10d，第2次倒桶在30d左右进行。

（8）储存陈酿　后发酵结束，进行第3次倒桶，下胶澄清，明胶用量为65～75g/L。冷冻后过滤，以保持酒体稳定，然后转入大缸，添满，调酒精含量至10%～14%，陈酿3个月以上。

（9）原酒调配　调配时按配方设计进行，应补加糖，补酸。

（10）成品　调配完成后的酒液经巴氏杀菌，冷却后立即进行无菌灌装得成品。

（三）质量指标

（1）感官指标　呈浅黄色，澄清透亮，果香浓郁，有典型的百香果和山药风味，酒香清醇，酸甜适中，口感清爽，无沉淀和悬浮物，无异味。

（2）理化指标　酒精度13%，总糖（以葡萄糖计）7～8g/L，总酸（以柠檬酸计）3～4g/L。

（3）微生物指标　沙门菌和金黄色葡萄球菌不得检出。

二十二、蓝莓紫薯酒

（一）工艺流程

蓝莓、紫薯→清洗破碎→果浆调配→果胶酶酶解→二氧化硫处理→成分调

整→酒精发酵→陈酿→澄清处理→灭菌→装瓶→成品

（二）操作要点

（1）原料榨汁　选取新鲜成熟好的蓝莓，清洗干净后打浆取汁；紫薯清洗干净后去皮、切块，紫薯块中加入4倍重量的水，放入榨汁机中打浆，过滤取汁。

（2）调配、酶解　将蓝莓汁与紫薯汁按体积比2∶1混合，添加0.03%果胶酶和40mg/L的二氧化硫，在35℃条件下酶解80min。

（3）成分调整　添加白糖使其糖度达到19%～20%，用柠檬酸调节pH，使pH值为3.6。

（4）发酵　在混合液中添加5.5%的活性干酵母，在24～25℃条件下发酵7d。

（5）陈酿、澄清　发酵后的酒液倒桶除去酒脚，在13～15℃条件下储存30d，然后加入1%明胶澄清，过滤。

（6）灭菌、成品　过滤后的酒液进行巴氏杀菌，冷却到室温后立即进行无菌灌装得成品。

（三）质量指标

（1）感官指标　宝石红色，透明晶亮，具有蓝莓特有的果香，酸甜宜人，柔和清爽，回味绵长。

（2）理化指标　酒精度13%～14%，总糖（以葡萄糖计）≤4g/L，总酸（以柠檬酸计）3～5g/L。

（3）微生物指标　沙门菌和金黄色葡萄球菌不得检出。

二十三、黑加仑蓝莓复合果酒

（一）工艺流程

原料分选→破碎榨汁→果胶酶处理→灭酶→调糖、调酸→主发酵→后发酵→陈酿→澄清过滤→杀菌→成品

（二）操作要点

（1）原料的准备　选择充分成熟的无病虫害、无腐烂变质的黑加仑和蓝莓作为原料，除去枝叶后用流动水稍漂洗，黑加仑与蓝莓的质量比为1∶2。

（2）果胶酶处理　压榨破碎出汁后，加入80mg/L亚硫酸氢钠和果胶酶（添加量为0.02%），在50℃的温度下放置3h，且不断搅拌。

（3）灭酶　处理后的果汁放入100℃的水浴内保持10min，使果胶酶失去活性。

（4）调糖、调酸　测定果汁的pH，加入适量的碳酸钙或柠檬酸调节果汁的

pH 值，使初始 pH 值为 4。用白砂糖调节糖度为 22%左右。

(5) 接种　将活化好的酵母菌液按比例加入调配好的果汁中发酵。酵母菌接种量为 5%。

(6) 主发酵　将上述接种好的果汁放入 25℃温度条件下进行发酵，每 24h 测定 1 次糖度，并不停搅拌。当糖度下降不明显时，主发酵结束。主发酵时间为 7d。

(7) 后发酵、澄清　把上述主发酵液过滤后，测定酒精度，按 17g/L 糖生成 1%（体积分数）酒精的比例向发酵液中补加白砂糖，使最后的发酵液的酒精度为 12%左右，置于 20℃的温度下后发酵 1 个月。后发酵结束后利用虹吸法把上清液放入另一个干净的罐中。

(8) 陈酿　将上述溶液放在 20℃的恒温室内储藏 2 个月。

(9) 澄清过滤　陈酿后，酒体不够澄清，每 100mL 果酒中加明胶-单宁混合液 3.5mL（3.25mL 明胶＋0.25mL 单宁），静置过夜，过滤。

(10) 调配、杀菌　根据口味调配果酒的酒精度、糖度。最后酒装瓶后于 80℃杀菌 10min 后取出冷却，即为成品。

（三）质量指标

(1) 感官指标　酒体有光泽，透明度高，而且酒样果香突出，香气纯正浓郁，口感柔和。

(2) 理化指标　酒精度 11%～13%，总糖（以葡萄糖计）≤4g/L，总酸（以柠檬酸计）5～6g/L。

(3) 微生物指标　沙门菌和金黄色葡萄球菌不得检出。

二十四、雪莲果、梨、刺梨混合发酵果酒

（一）工艺流程

雪莲果、梨、刺梨→清洗→打浆→调整成分→发酵→倒桶→陈酿→下胶澄清→成品

（二）操作要点

(1) 三果处理　除去霉烂、变质果，清水漂洗，按 1∶3 加水于 50℃保温软化 1.5h，打浆，过滤除去果核，按酒度设计，调整糖度。

(2) 发酵、陈酿　于 26℃加入果酒酵母，控温 20℃，恒温发酵 12d，进行倒桶，然后进行后发酵，为期 15d。后发酵结束进入陈酿期，陈酿期为 6 个月以上。陈酿结束后进行调配，使其达到成品酒质量要求。

(3) 下胶澄清、过滤　由于发酵三果酒易引起胶体凝聚，产生浑浊，需下胶澄清，可用 0.1%皂土澄清处理，过滤。

(4) 成品　过滤后的酒液，立即进行无菌灌装。

（三）质量指标

（1）感官指标　淡黄色，清亮透明，具有浓郁优雅的果香和醇香，酸甜适口，酒体协调，丰满浓厚，具独特风格。

（2）理化指标　酒精度11%～13%，总糖（以葡萄糖计）12～20g/L，总酸（以酒石酸计）5～8g/L。

（3）微生物指标　沙门菌和金黄色葡萄球菌不得检出。

二十五、桑葚石榴复合果酒

（一）工艺流程

原料→清洗→榨汁→发酵→陈酿→澄清处理→灭菌→成品

（二）操作要点

（1）原料的准备　选择充分成熟的无病虫害、无腐烂变质的桑葚和石榴作原料，除去枝叶后用流动水稍漂洗，清洗干净后分别榨汁。

（2）果胶酶处理　压榨破碎出汁后，使桑葚汁和石榴汁体积比为1∶1，加入50mg/L亚硫酸氢钠和果胶酶（添加量为0.02%），在40℃的温度下放置3h，且不断搅拌。

（3）灭酶　处理后的果汁放入100℃的水浴内保持10min，使果胶酶失去活性。

（4）调糖、调酸　测定果汁的pH，加入适量的碳酸钙或柠檬酸调节果汁的pH值，使初始pH值为4。用白砂糖调节糖度为17%左右。

（5）接种　将活化好的酵母菌液按比例加入调配好的果汁中发酵。酵母菌接种量为5%。

（6）主发酵　将上述接种好的果汁放入30℃温度条件下进行发酵，每24h测定1次糖度，并不停搅拌。当糖度下降不明显时，主发酵结束。主发酵时间为7d。

（7）后发酵、澄清　把上述主发酵液过滤后，测定酒精度，按17g/L糖生成1%（体积分数）酒精的比例向发酵液中补加白砂糖，使最后的发酵液的酒精度为12%左右，置于18℃的温度下后发酵1个月。后发酵结束后利用虹吸法把上清液放入另一个干净的罐中。

（8）陈酿　将上述溶液放在20℃的恒温室内储藏2个月。

（9）澄清过滤　陈酿后，酒体不够澄清，用0.08g/L壳聚糖澄清，静置过夜，过滤。

（10）杀菌、成品　最后酒装瓶后于80℃杀菌10min后，取出冷却，即为成品。

（三）质量指标

（1）感官指标　红宝石色，清亮透明，果香优雅，醇正丰满，酸甜适口，滋味绵长。

（2）理化指标　酒精度 12%～13%，总糖（以葡萄糖计）≤8g/L，总酸（以柠檬酸计）4～5g/L。

（3）微生物指标　沙门菌和金黄色葡萄球菌不得检出。

二十六、人参果南瓜保健果酒

（一）工艺流程

人参果→清洗→打浆↓

南瓜→清洗、去籽→打浆→灭菌、冷却→果胶酶处理→过滤→糖化酶处理→调整成分→发酵→过滤、陈酿→精滤→灌装→成品

（二）操作要点

（1）人参果打浆　人参果清洗干净，加入 0.1%果胶酶打浆后，30℃保温 2h，添加 40mg/L 的二氧化硫，备用。

（2）南瓜打浆　南瓜收获后用高锰酸钾水浸洗消毒，在流水中冲洗干净，去籽，去除腐烂部分，立即打浆。制浆后即加入亚硫酸钠，二氧化硫添加量为 0.01%～0.02%。

（3）酶解、糖化　南瓜中含较多的果胶物质，使果浆稠厚，不利分离除渣，加入果胶酶，使果胶水解，黏度下降，同时破坏细胞，使细胞内营养物质溶出，提高出酒率。果胶酶的使用量为 1%～3%，作用温度为 35～40℃，时间 4～10h。当瓜浆有沉渣下降，黏度变小时，即可进行过滤除去粗纤维、果皮等物质。南瓜中的糖类物质主要是淀粉，加入糖化酶（添加 0.1～0.15mg/L），温度 45～55℃，糖化 1h。

（4）调整成分　将南瓜汁与人参果汁按照 3∶1 质量比混合，测定浆汁中的糖、酸作为调整依据，用砂糖调整糖含量至 18%～20%，用柠檬酸或酒石酸调节 pH 为 4.0。

（5）灭菌、发酵　将调整好成分的浆汁，在 70～80℃下杀菌 10～15min，迅速冷却至 26～30℃，入发酵罐，加 5%酵母液，保温 25～26℃，发酵 5～7d，主发酵结束。

（6）后处理　将酒醪经过滤后除去残渣进入后发酵罐，控制后发酵温度20～24℃，保持 14d，取上清液送入老熟罐进行陈酿，陈酿温度 10～15℃，陈酿 60～90d。

（7）成品　陈酿后的酒液经过滤后，即可进行无菌灌装得成品。

（三）质量指标

（1）感官指标　浅橙黄色，澄清透明，酒香中带南瓜的清香，入口醇厚，酸甜适口。

（2）理化指标　酒精度12%～14%，总糖（以葡萄糖计）8～10g/L，总酸（以柠檬酸计）0.2～0.5g/L。

（3）微生物指标　沙门菌和金黄色葡萄球菌不得检出。

二十七、龙眼菠萝复合果酒

（一）工艺流程

菠萝→去皮、去心→清洗、切分→榨汁
↓
成熟龙眼→清洗→去皮、去核→榨汁→1∶1混合→糖酸调整（糖度25%，pH3.5）→硫处理（0.006mg/L亚硫酸氢钠）→接种酵母菌→主发酵（25℃）→过滤→后发酵→过滤→陈酿→装瓶→杀菌

（二）操作要点

（1）菠萝榨汁　选取成熟度高、酸度适宜、出汁率高的菠萝。去皮清洗、除杂后破碎、榨汁，加入50mg/L二氧化硫进行抑菌。

（2）龙眼处理　采用龙眼肉发酵制酒，可用纯汁或混渣发酵。榨汁后按照1∶1体积比与菠萝汁混合。

（3）调整糖酸　糖度的高低直接影响发酵酒的酒精度，果汁糖分在20%左右，可将糖分调整到25%，若糖分增加，发酵时间延长，残糖也高。果汁的pH值在5.5左右，为防止杂菌感染，可将pH调节至3.5，用柠檬酸调节发酵效果更佳，然后添加0.006mg/L亚硫酸氢钠。

（4）发酵　将调整好成分的浆汁入发酵罐，加5%酵母液，保温25～26℃，发酵5～7d，主发酵结束。

（5）后处理　将酒醪经过滤后除去残渣进入后发酵罐，控制后发酵温度18～20℃，保持10d，取上清液送入老熟罐进行陈酿，陈酿温度10～15℃，陈酿30～60d。

（6）成品　陈酿后的酒液经过滤后，即可进行无菌灌装得成品。

（三）质量指标

（1）感官指标　色泽金黄，晶亮透明，具和谐的龙眼菠萝香味，醇和浓郁。

（2）理化指标　酒精度11%～13%，总糖（以葡萄糖计）≤4g/L，总酸（以柠檬酸计）5～8g/L。

（3）微生物指标　沙门菌和金黄色葡萄球菌不得检出。

二十八、柚子红枣复合保健酒

（一）工艺流程

红枣→清洗、去核→浸提→枣汁
↓
柚果→剥取果肉→榨汁→改良果汁→装入发酵容器→接种酵母→酒精发酵→调制陈酿→澄清→装瓶灭菌→成品

（二）操作要点

（1）枣汁制备　红枣清洗干净、去核之后，用70℃水抽提2次，合并浸提液，枣水溶性物质浸出率达20%，有效营养成分提取较完全，枣香味足。

（2）柚果选择要求　柚形完好，充分成熟，采后储藏40d以充分后熟，果肉可溶性固形物含量在14%～16%为佳。

（3）剥取果肉　一般用人工剥去外果皮，然后分瓣、去瓣囊、去核而取果肉。

（4）榨汁　用卧式螺旋榨汁机，对沙田柚果肉进行破碎榨汁，出汁率可达55%。果肉渣可酿制白兰地。

（5）改良果汁　将枣汁与柚汁按照1∶2的质量比混合，而酿制酒精度14%左右的果酒要求含糖应达20%左右，故对混合的果汁要添加适量白糖。先在沙田柚果汁中加入0.01%的偏重亚硫酸钾，搅拌均匀，静置2～3h，以杀死果汁中的杂菌，然后加入糯米酒酿，使果汁含糖达20%左右，并加入适量的柠檬酸使果汁含酸达0.5%。

（6）酒精发酵　加入0.08%的果酒用活性干酵母，搅拌均匀，进行酒精发酵。活性干酵母在使用前应放入6%～10%的糖水中在25℃左右下进行活化2～3h。发酵时温度应控制在20～22℃，经12h就开始发酵，发酵旺盛期约5d，然后让其自然降温后再酵3d，一般发酵15天左右，当发酵液含糖降至1%左右时即可终止酒精发酵。

（7）调制陈酿　把发酵液移入置于阴凉处的大缸内，装满，然后在液面上洒一层沙田柚白兰地及适量蔗糖，密封陈酿半年以上。

（8）澄清　陈酿后的酒液一般会变得澄清透明，呈浅黄色。但有的也会出现悬浮物或沉淀物，要进行澄清处理，方法是在酒液中加入0.02%左右的明胶和0.01%左右的单宁，搅拌均匀，静置2～3d后过滤即可。明胶使用前应先用冷水浸泡12h，除去杂味，将浸泡水除去，重新加水，加热溶解后再加入。

（9）装瓶灭菌　澄清过滤后的酒液即可装瓶，然后在70℃下杀菌10min，冷却、贴标即得成品。

（三）质量指标

（1）感官指标　酒体棕红色，清亮透明，香气优雅，酒香浓郁，口感纯正。

（2）理化指标　酒精度11%～13%，总糖（以葡萄糖计）≤4g/L，总酸

（以柠檬酸计）6～7g/L，干浸出物 20.4g/L，总二氧化硫≤50mg/L。

（3）微生物指标　沙门菌和金黄色葡萄球菌不得检出。

二十九、山楂石榴复合果酒

（一）工艺流程

石榴→清洗→去皮→压榨→果汁
↓
山楂→冲洗→压碎→加水→滤汁→过滤→后发酵→陈酿→过滤→调整成分→装瓶→杀菌→冷却→检验→成品

（二）操作要点

（1）石榴汁的制备　去皮，剥籽，称重，榨汁，低温下备用。

（2）山楂汁的制备　清洗，去梗，去核，称重，榨汁，低温备用。

（3）活性干酵母的活化　以 0.1g/L 干酵母的量进行计算，称取一定量的干酵母加到蔗糖溶液中，在 30℃下活化 30min，然后加入到石榴汁中，以同样方法加入活化好的干酵母到山楂汁中。

（4）果汁的澄清　用温水配置成 1%果胶酶溶液，静置 1～2h，再分别加入到石榴汁与山楂汁中，在室温下静置 30～50min。

（5）初发酵　将石榴汁、山楂汁（1∶1，体积比）混合后，添加 10%白糖，用保鲜膜密封置于生化培养箱中 25℃条件下进行发酵。2d 后对果汁过滤、除渣。4d 后，进行再次过滤。

（6）后发酵　将生化培养箱温度调至 18℃进行后发酵。发酵数日后根据果酒口味调节糖度。

（7）陈酿　陈酿温度 10～15℃，陈酿 20～30d。

（8）成品　陈酿后的酒液经过滤后，即可进行无菌灌装得成品。

（三）质量指标

（1）感官指标　酒体暗红色，无沉淀物，澄清透明，有光泽，具有石榴的醇香和山楂的酸甜口感，滋味醇厚，令人回味。

（2）理化指标　酒精度为 11%～12%，总糖（以葡萄糖计）25～27g/L，总酸（以酒石酸计）13～15g/L。

（3）微生物指标　沙门菌和金黄色葡萄球菌不得检出。

三十、柿子山楂复合果酒

（一）工艺流程

柿子、山楂→分选→清洗→除蒂破碎→柿浆、山楂浆→用山楂浆调柿浆的

pH 值→发酵→过滤→成品

（二）操作要点

（1）山楂汁制备　山楂果经破碎后（以山楂皮挤破而不破碎山楂果核为宜），按果量的 1 倍加水榨汁。

（2）柿子汁制备　柿子的好坏直接影响到柿子酒的质量，必须剔除生青、腐烂果实，选取新鲜优质柿子，清洗干净破碎后，将破碎的自流汁与压榨汁混合，可加入果胶酶澄清，并加入 100mg/L 二氧化硫灭菌。

（3）调 pH　用山楂汁调节柿子汁的 pH 值至 3.6。

（4）发酵　加入酵母，待发酵启动时加入砂糖，分 2 次加糖，第 1 次加 60%，待糖含量降至 5%～7%时再将剩余的加入，控温 18～20℃发酵，发酵 10d 左右，糖分降至 4g/L 左右时，转池进行 1 个月的后发酵。

（5）后处理　后发酵结束，转池，除去酒脚，将酒度提至 16%，并加入 60mg/L 二氧化硫，防止原酒氧化。经 6～12 个月陈酿后，进行糖、酒、酸等成分的调整。所用的糖酸不宜直接加入，应先配成糖浆，冷却后再加。

（6）澄清　用皂土澄清，用量为 300～600mg/L，两周后分离，在－5℃下保持 5～6d，用硅藻土过滤机过滤。

（7）灭菌、成品　过滤后的酒液经 90℃条件下 10～15s 灭菌，冷却后即可进行无菌灌装得成品。

（三）质量指标

（1）感官指标　淡黄色，清亮透明，具纯正清雅的柿子山楂果香及酒香，酸甜适中，爽口纯正，余味悠长。

（2）理化指标　酒精度 12%～13%，总糖（以葡萄糖计）20～30g/L，总酸（以柠檬酸计）5～7g/L，挥发酸（以醋酸计）≤0.7g/L。

（3）微生物指标　沙门菌和金黄色葡萄球菌不得检出。

三十一、山楂葡萄果酒

（一）工艺流程

鲜葡萄挑选→清洗、晾干→去核、榨汁→果汁　　葡萄酒酵母活化液

鲜山楂分选→洗净、晾干→破碎、去核→榨汁→调糖、调酸→接种→主发酵→过滤→后发酵→澄清→陈酿→冷冻过滤→杀菌→成品

（二）操作要点

（1）安琪葡萄酒酵母菌的活化　准确称量 5g 活性干酵母粉，并将其溶解在 100mL 无菌水中，再按 2%的比例加入红砂糖，38℃水浴振荡活化 1h。

（2）山楂浆和葡萄浆的制备　挑选成熟的鲜葡萄，用剪刀除梗，同时剔除破损、霉变的葡萄，再用流动水漂洗，晾干。将经过称量的葡萄用无菌纱布包好，挤碎，所得的葡萄汁用于山楂的打浆。

选择成熟无病虫害、无霉变的新鲜大果山楂，用清水浸泡1h，以便洗净果实表面的污物。晾干，除核、称量，用料理机将加了葡萄汁（2倍山楂重量的葡萄汁）的山楂打成浆，以80mg/L的量加入亚硫酸氢钠。

（3）调糖、调酸　测定果浆的初始pH值，加入适量的碳酸钙或柠檬酸，以便达到预定pH值3.5；用红砂糖调节糖度为24%左右。

（4）接种　将活化好的酵母菌液以4%的接种量加入调配好的果浆中进行发酵。

（5）主发酵　将上述接种过的果浆放入25℃恒温箱内培养，每24h测定1次糖度，并不断搅拌。当糖度下降不明显时，则表示主发酵结束，主发酵时间为7d。

（6）后发酵　把上述主发酵液用无菌纱布粗过滤后，测定酒精度，按17g/L糖生成1%酒的比例向发酵液补加红砂糖，使最后的发酵液的酒精度达到12%左右，于恒温箱20℃发酵1个月。后发酵结束后，采用虹吸法将上清液换入另一个干净的罐中。

（7）陈酿　将上述酒液放在15℃的恒温室内储藏2个月。

（8）澄清过滤　陈酿后，酒体还不够清澈，静置于4℃条件下7d，取出立即进行虹吸过滤，以防酒体回温冷凝固物溶解。

（9）杀菌、成品　酒装瓶后于水浴70℃杀菌10min，取出冷却即为成品。

（三）质量指标

（1）感官指标　酒体清澈透明，无杂质，具有浓郁的山楂葡萄混合果香，酒香浓郁，口味柔和。

（2）理化指标　酒精度15%～16%，总糖（以葡萄糖计）≤5g/L，总酸（以柠檬酸计）4～5g/L。

（3）微生物指标　沙门菌和金黄色葡萄球菌不得检出。

三十二、苹果山楂复合果酒

（一）工艺流程

苹果→分选→清洗→去皮、去核→热烫→榨汁→过滤→苹果汁
山楂→分选→清洗→加热软化→浸提→过滤→山楂汁
→混合→调配→接种→发酵→陈酿→澄清→过滤→灌装→成品

（二）操作要点

（1）果汁制备

苹果汁的制备：苹果经过挑选，去皮、核，用质量分数为0.2%的抗坏血酸溶液浸泡，护色。用榨汁机榨取汁液，过滤、澄清，得到苹果原果汁，低温储藏备用。

山楂汁的制备：山楂经过分选、清洗后，加水（料水比1∶5）在85～90℃下软化20min，投入75℃的热水中浸提2h，过滤、澄清，得到山楂汁。

（2）混合调配　将苹果汁和山楂汁按1∶1质量比混合后，加入白砂糖、柠檬酸进行成分调整，使其初始糖度为24%，pH为4.0。

（3）杀菌　将调整后的混合果汁在100℃水浴杀菌15min，冷却，添加浓度为40mg/L的二氧化硫，抑制杂菌生长。但由于亚硫酸钠加入过多会造成果酒的风味及口感变差，所以在果酒的酿造中亚硫酸钠的加入量不应过高。

（4）酵母活化　将活性干酵母加入到质量分数2%的糖水中，于35～40℃复水20～30min，32℃保温活化1～2h，活化过程中每隔10min搅拌1次。

（5）复合果酒的发酵　加入活化后的0.015%高活性干酵母进行发酵，在25℃条件下发酵7d。主发酵结束后，过滤，继续进行后发酵，15～17℃条件下后发酵30d。

（6）陈酿　将上述酒液放在12℃的恒温室内储藏1个月。

（7）澄清过滤　陈酿后，酒体还不够清澈，需静置于4℃条件下7d，取出立即进行虹吸过滤，以防酒体回温冷凝固物溶解。

（8）杀菌、成品　酒装瓶后于水浴70℃杀菌10min，取出冷却即为成品。

（三）质量指标

（1）感官指标　浅红色、澄清透明、无沉淀；果香浓郁、无异味；酒体丰满，醇厚协调、回味绵长；典型完美、优雅无缺。

（2）理化指标　酒精度11%～12%，总糖（以葡萄糖计）≤7g/L，总酸（以柠檬酸计）4～6g/L，挥发酸≤0.8g/L，总二氧化硫≤250mg/L。

（3）微生物指标　沙门菌和金黄色葡萄球菌不得检出。

三十三、苹果菠萝复合果酒

（一）工艺流程

苹果→分选→清洗→去皮、去核→热烫→榨汁→过滤→苹果汁┐
菠萝→分选→清洗→去皮→切分→榨汁→过滤→菠萝汁┘
↓
混合→调配→接种→发酵→陈酿→澄清→过滤→灌装→成品

（二）操作要点

（1）果汁制备

苹果汁的制备：苹果经过分选，去皮、核，用0.2%的抗坏血酸溶液浸泡，护色。用榨汁机榨取汁液，过滤、澄清，得到苹果原色汁，低温储藏备用。

菠萝汁的制备：菠萝经过分选，清洗干净后，去皮，切分、榨汁，过滤得到菠萝汁。

（2）混合调配　将苹果汁和菠萝汁按体积比3∶2混合后，加入白砂糖、柠檬酸进行成分调整，使其糖度为25%，pH值为4.5。

（3）杀菌　将调整后的混合果汁在100℃水浴杀菌15min，冷却，添加浓度为40mg/L的二氧化硫，抑制杂菌生长。由于亚硫酸钠加入过多会影响果酒的风味及口感，所以亚硫酸钠的加入量不应过高。

（4）酵母活化　将活性干酵母加入到质量分数2%的糖水中，在35～40℃复水20～30min，32℃保温活化1.5h，活化过程中每隔10min搅拌1次。

（5）主发酵　将上述接种过的果浆（0.015%）放入24℃恒温箱内培养，每24h测定1次糖度，并不断搅拌。当糖度下降不明显时，则表示主发酵结束，主发酵时间为7d。

（6）后发酵　把上述主发酵液用无菌纱布粗过滤后，测定酒精度，按17g/L糖生成1%酒的比例向发酵液补加红砂糖，使最后的发酵液的酒精度达到12%左右，于恒温箱16℃发酵1个月。后发酵结束后，采用虹吸法将上清液换入另一个干净的罐中。

（7）陈酿　将上述酒液放在15℃的恒温室内储藏2个月。

（8）澄清过滤　陈酿后，酒体还不够清澈，需静置于4℃条件下7d，取出立即进行虹吸过滤，以防酒体回温冷凝固物溶解。

（9）杀菌、成品　酒装瓶后于水浴70℃杀菌10min，取出冷却即为成品。

（三）质量指标

（1）感官指标　色泽呈金黄色光泽，澄清透明，无悬浮物，无沉淀；果香浓郁，协调舒畅，无异味；酒体丰满，醇厚协调、柔细轻快，回味绵长；典型完美，独具一格，优雅无缺。

（2）理化指标　酒精度11%～13%，总糖（以葡萄糖计）≤6g/L，总酸（以柠檬酸计）4～6g/L，挥发酸≤0.9g/L，总二氧化硫≤250mg/L。

（3）微生物指标　沙门菌和金黄色葡萄球菌不得检出。

三十四、木瓜红枣果酒

（一）工艺流程

红枣→挑选→清洗→打浆→离心→红枣汁
↓
光皮木瓜→挑选→清洗→打浆→离心→木瓜原汁→混匀→灭菌→接菌种→前发酵→过滤→后发酵→精过滤→陈酿→过滤→灌装→巴氏杀菌→成品

（二）操作要点

（1）红枣汁制备　选成熟、个大、均匀、无病虫害、无腐烂的红枣为原料，利用清水把果皮上的泥土、杂质（及附着的微生物）清洗干净；用50℃温水预煮10～15min，把枣表面的杂质彻底去除；再用90～95℃热水煮30min，然后用机械榨汁，汁中加偏重亚硫酸钾（有效二氧化硫约50mg/L），使枣汁中有效二氧化硫浓度达100～120mg/L，以保证枣汁不被氧化，并抑制杂菌。

（2）木瓜汁制备　选新鲜、成熟、无病虫害、无腐烂、无损伤、个大（果实约250g以上）的木瓜，用洁净水把果皮上的泥土、杂质及附着的微生物清洗干净，除果核，取果肉，沥干水分。将清洗沥干后的木瓜用破碎机打碎成浆，用榨汁机从果浆中分离出果汁，把果渣放入浸渍罐中浸泡，并在果汁中加入偏重亚硫酸钾，使果浆中有效二氧化硫浓度达100～120mg/L，以保护果浆不被氧化，并抑制杂菌。

（3）混合　按70份木瓜汁、30份红枣汁的比例将其混合均匀。

（4）发酵　接种0.01%的活性干酵母，将接种过的果浆放入23℃恒温箱内培养，每24h测定1次糖度，并不断搅拌。当糖度下降不明显时，则表示主发酵结束，主发酵时间为7d。

（5）后发酵　把上述主发酵液用无菌纱布粗过滤后，测定酒精度，按17g/L糖生成1%酒的比例向发酵液补加白砂糖，使最后的发酵液的酒精度达到12%左右，于恒温箱20℃发酵1个月。向发酵清液中添加0.03%的木瓜酶，加热至50～60℃，保持50min，后发酵结束后，采用虹吸法将上清液换入另一个干净的罐中。

（6）陈酿　将上述酒液放在12～14℃的恒温室内储藏1个月。

（7）澄清过滤　陈酿后，酒体还不够清澈，需静置于1～3℃条件下7d，使酒液中的大分子化合物和粗颗粒进一步下沉。取出立即进行虹吸过滤，以防酒体回温冷凝固物溶解。

（8）杀菌、成品　酒装瓶后于水浴70℃杀菌10min，取出冷却即为成品。

（三）质量指标

（1）感官指标　金黄色，富有光泽，清亮透明，久置无悬浮物及沉淀物；具有明显的木瓜果香和酒香，诸香协调；酸甜适宜，口感醇正、鲜爽，无异味。

（2）理化指标　酒精度 11%～13%，总糖（以葡萄糖计）≤8g/L，总酸（以柠檬酸计）5～6g/L。

（3）微生物指标　沙门菌和金黄色葡萄球菌不得检出。

三十五、瓯柑南瓜果酒

（一）工艺流程

原料预处理→打浆→果胶酶处理→过滤→混合调糖调酸→发酵→澄清→装瓶→封口→杀菌→成品

（二）操作要点

（1）原料预处理　选择完整、无霉烂、无虫害的瓯柑和南瓜，将瓯柑清洗去皮，南瓜切块蒸煮。

（2）打浆　将瓯柑、南瓜分别打浆，瓯柑浆过滤取汁，与南瓜浆按照质量比 2∶1 混合。

（3）果胶酶处理　向混合果汁中加入 0.015%果胶酶，45℃水浴中保温酶解 2.5h 后过滤，得混合汁。

（4）组分调整　向果汁中加入蔗糖调整果汁糖度，加入的蔗糖应先用少量果汁溶解，再加入果汁中，使其糖度达到 21%。用柠檬酸调整酸度使果汁 pH 值为 4.0。

（5）酵母活化　称取所需的活性干酵母，加入到 2%糖水中，置于 35～40℃的恒温水浴中活化 20min。

（6）酒精发酵　将活化好的酵母按照 0.03%比例加入到果汁中，装罐，置于 32℃恒温中培养 4d，发酵过程中测定果酒的残余糖度和酒精度。

（7）陈酿　将上述酒液放在 12～14℃的恒温室内储藏 1 个月。

（8）澄清过滤　陈酿后，酒体还不够清澈，需静置于 1～3℃条件下 7d，使酒液中的大分子化合物和粗颗粒进一步下沉。取出立即进行虹吸过滤，以防酒体回温冷凝固物溶解。

（9）杀菌　在 70～75℃的水浴中杀菌 15～20min。

（10）成品　杀菌冷却后的酒液，立即进行无菌灌装。

（三）质量指标

（1）感官指标　淡黄色，澄清透明，有光泽，无明显悬浮物，无沉淀物；具有南瓜独特的果香味，酒香醇厚，果香与酒香协调；酸甜适宜，醇和浓郁。

（2）理化指标　酒精度 12%～14%，总糖（以葡萄糖计）5～7g/L，总酸（以柠檬酸计）3～5g/L。

(3) 微生物指标　沙门菌和金黄色葡萄球菌不得检出。

三十六、木瓜西番莲复合果酒

(一) 工艺流程

西番莲挑选 → 清洗、晾干 → 榨汁 → 果汁（↓混合）；葡萄酒酵母活化液（↓接种）

木瓜分选→洗净、晾干→破碎、去核→榨汁→混合→调糖、调酸→接种→主发酵→过滤→后发酵→澄清→陈酿→冷冻过滤→杀菌→成品

(二) 操作要点

(1) 木瓜汁制备　选新鲜、成熟、无病虫害、无腐烂、无损伤、个大（果实约 250g 以上）的木瓜，用洁净水把果皮上的泥土、杂质及附着的微生物清洗干净，除果核，取果肉，沥干水分。将清洗沥干后的木瓜用破碎机打碎成浆，用榨汁机从果浆中分离出果汁，把果渣放入浸渍罐中浸泡，并在果汁中加入偏重亚硫酸钾，使果浆中有效二氧化硫浓度达 100～120mg/L，以保护果浆不被氧化，并抑制杂菌。打浆后加入 0.01%果胶酶和 0.01%复合纤维素酶，保温酶解 2h，然后过滤取汁。

(2) 西番莲汁制备　西番莲果经清洗、切分、过滤取汁。

(3) 调糖、调酸　将西番莲汁与木瓜汁按照体积比 15∶85 混合均匀，测定果浆的初始 pH 值，加入适量的碳酸钙或柠檬酸，以便达到预定 pH 值 4.0；用白砂糖调节糖度为 24%左右。

(4) 接种　将活化好的酵母菌液以 5%的接种量加入调配好的果浆中进行发酵。

(5) 主发酵　将上述接种过的果浆放入 26℃恒温箱内培养，每 24h 测定 1 次糖度，并不断搅拌。当糖度下降不明显时，则表示主发酵结束，主发酵时间为 8d。

(6) 后发酵　把上述主发酵液用无菌纱布粗过滤后，测定酒精度，按 17g/L 糖生成 1%酒的比例向发酵液补加白砂糖，使最后的发酵液的酒精度达到 12%左右，于恒温箱 20℃发酵 1 个月。后发酵结束后，采用虹吸法将上清液换入另一个干净的罐中。

(7) 陈酿　将上述酒液放在 15℃的恒温室内储藏 1 个月。

(8) 澄清过滤　陈酿后，酒体还不够清澈，需静置于 4℃条件下 7d，取出立即进行虹吸过滤，以防酒体回温冷凝固物溶解。

(9) 杀菌、成品　酒装瓶后于水浴 70℃杀菌 10min，取出冷却即为成品。

(三) 质量指标

(1) 感官指标　色泽金黄自然，拥有着和谐的果香与酒香，入口清爽。

（2）理化指标　酒精度11%～12%，总糖（以葡萄糖计）≤5g/L，总酸（以柠檬酸计）6～7g/L。

（3）微生物指标　沙门菌和金黄色葡萄球菌不得检出。

三十七、苹果山楂葡萄复合果酒

（一）工艺流程

苹果、山楂、葡萄→分选、洗涤→破碎、取汁（去核）→发酵→澄清、分离→储存→澄清→陈酿→过滤→灭菌→成品

（二）操作要点

（1）水果原料的选择及处理　苹果应选用成熟度高的脆性果，要求无病虫、霉烂、生青，然后清洗并沥干水分。

（2）破碎　苹果、山楂用捣碎机破碎（粒度0.3～0.4cm）后，放入果汁分离机中压榨取汁。葡萄去梗后破碎，将三者混合。由于山楂、葡萄中含有一定的果胶，在破碎、榨汁时加入0.01%的果胶酶。混合后（苹果汁、山楂汁、葡萄汁的体积比为7∶2∶1）加入50mg/L的二氧化硫。

（3）发酵　将破碎、分离后的浆汁立即装入已杀菌的发酵罐中，调整成分，使总糖达到20°Bx，添加5g/L酵母在26℃条件下进行发酵，待发酵结束后，分离上清液和沉淀。

（4）储存　把发酵结束的发酵液调整酒精度，再添加少量亚硫酸，放入密闭容器中进行储存30d。温度应保持在15～20℃，相对湿度75%～80%。

（5）下胶澄清　储存30d后，用0.15%的皂土法对发酵原酒进行下胶澄清，下胶8d后对上清液进行透光率测定。

（6）陈酿　把下胶后的澄清发酵液放入密闭容器中，在10～12℃低温下储存陈酿20d。

（7）过滤　利用微孔膜过滤机进行过滤，得到清液。

（8）成品　把过滤后的酒液立即进行无菌灌装、储存即为成品。

（三）质量指标

（1）感官指标　颜色棕红，清亮、均匀；香气明显、协调，具有原料特有果香；酸甜适度，口味纯正、丰满，各种风味浑然一体。

（2）理化指标　酒精度10%～12%，总酸（以苹果酸计）0.4～0.5g/100mL，总糖（以葡萄糖计）0.2～0.4g/100mL，可溶性固形物≥10g/100mL。

（3）微生物指标　沙门菌和金黄色葡萄球菌不得检出。

三十八、香蕉菠萝复合果酒

（一）工艺流程

香蕉、菠萝原料→去皮、切分→按一定比例混合（1∶1）→添加果胶酶液混合打浆→果胶酶酶解（50℃，2h）→过滤混合果汁→糖酸调配→硫处理（加入适量的亚硫酸氢钠）→酒精发酵→澄清→陈酿→过滤→灭菌→成品

（二）操作要点

（1）水果原料的选择及处理　应选用成熟度高的果，要求无病虫、霉烂、生青，然后清洗并沥干水分。

（2）榨汁　香蕉、菠萝去皮、切块后，称取香蕉、菠萝混合果900g为一份，每份加入0.2%的果胶酶和100mL的水进行打浆，打浆后加热至50℃，保温2h，加白糖至26%，调整pH值为3.8，加入50mg/L的二氧化硫。

（3）发酵　将浆汁立即装入已杀菌的发酵罐中，添加0.02%的酵母（白梨酵母和安琪活性干酵母的比例为1∶3）在16℃条件下进行发酵12d，待发酵结束后，分离上清液和沉淀。

（4）下胶澄清　发酵后的酒液用0.2%的皂土法对发酵原酒进行下胶澄清，下胶6d后对上清液进行透光率测定。

（5）陈酿　把下胶后的澄清发酵液放入密闭容器中，在10～12℃低温下储存陈酿20d。

（6）过滤　利用微孔膜过滤机进行过滤，得到清液。

（7）成品　把过滤后的酒液立即进行无菌灌装、储存即为成品。

（三）质量指标

（1）感官指标　色泽淡黄自然，拥有着和谐的果香与酒香，入口清爽。

（2）理化指标　酒精度12%～13%，总糖（以葡萄糖计）≤4g/L，总酸（以柠檬酸计）6～7g/L。

（3）微生物指标　沙门菌和金黄色葡萄球菌不得检出。

三十九、草莓葛根果酒

（一）工艺流程

葛根→糊化→液化→糖化
↓
成熟草莓→压榨→调整成分→糖度达350g/L草莓醪→发酵→终止发酵→分离压榨→澄清过滤→冷冻处理→板框过滤→灌装→成品

（二）操作要点

(1) 原料预处理　草莓为柔软多汁的浆果，果肉组织中的液泡大，容易破裂，但因草莓没有后熟作用，采收过早虽有利于运输和储藏，但颜色和风味都差，一般在草莓表面3/4颜色变红时采收最为适宜。在选择草莓的时候，要求新鲜成熟，去除腐烂果、病虫果；当日采摘，当日加工，不允许过夜。将精选的草莓去除萼片、果梗，用水冲洗干净，也可用0.03%高锰酸钾溶液浸洗1min，再用清水冲洗，沥干。

葛根洗净晾干后切成1cm³的小块，用植物粉碎机粉碎后过60目筛，分别得60目以上的粉料和60目以下的粉料。

葛根的液化：本试验选用的料液比为1g：6mL；水分4次加入50g原料，糊化阶段加入35mL水，剩下的水分别在液化、糖化和酵母菌接种时加入，总水量为300mL。0.1mL的α-淀粉酶（160000U/mL）水解淀粉最适温度在80℃，最适作用pH值为6.0～6.5，液化时间为30min。

葛根的糖化：本试验0.1mL糖化酶（20000U/mL）最适温度为60℃，pH值为4.0～4.5时进行糖化，糖化时间为30min。

(2) 灭菌　把沥干的草莓置沸水锅里漂烫1min左右，然后捞出放在容器里，草莓受热后可降低黏性，破坏酶的活性，阻止维生素C氧化损失，还有利于色素的抽出，提高出汁率。

(3) 破碎、果汁处理　草莓破碎后放入布袋内，在离心机内离心取汁（亦可连渣），再将果汁（或果浆）置双层釜内，加入0.1g/kg的偏重亚硫酸钾，再加入0.04%的果胶酶。也可将二氧化硫、果胶酶处理后的果汁加热至40～55℃，保持2min，再升至70～80℃灭酶、冷却。加入葛根糖化液，使其糖度达到350g/L。

(4) 发酵　加入0.08%～0.1%的活性葡萄酒干酵母，控制发酵温度24～25℃，发酵6d，酒精含量达11%～12%。

(5) 陈酿　发酵完毕后，补加二氧化硫至30mg/kg抑菌，并用高效澄清剂进行澄清处理，陈酿1年左右，再进行精滤。

(6) 成品　精滤后的酒液立即进行无菌灌装即为成品。

（三）质量指标

(1) 感官指标　红色，无沉淀物，澄清透明，有光泽，具有果酒的醇香和草莓的酸甜口感，滋味醇厚，令人回味。

(2) 理化指标　酒精度11%～12%，总糖（以葡萄糖计）≤11g/L，总酸（以柠檬酸计）3～4g/L。

(3) 微生物指标　沙门菌和金黄色葡萄球菌不得检出。

四十、芦荟番茄酒

（一）工艺流程

芦荟鲜叶→分选→清洗→浸泡消毒→处理→打浆→压榨→过滤→芦荟汁
番茄→分选→清洗→浸泡消毒→处理→打浆→过滤→番茄汁
混合→调配→灭菌→加葡萄酒干酵母→前发酵→后发酵→陈酿→过滤→澄清→灌装→成品

（二）操作要点

（1）芦荟汁制备　采用年龄在2年以上的芦荟叶，采摘时可自下而上地逐片向上采集。鲜叶要整齐放置，防止重压，采集量以当天能加工完毕为宜，若加工不完应于4～7℃条件下保存。采集时应注意：芦荟叶中含有多种天然活性酶，这些酶对芦荟的各种活性成分和功效有着至关重要的作用，为防止芦荟中天然活性酶受到破坏和凝胶内细菌生长，芦荟叶在加工前应尽量避免叶片的损伤。

去除叶根、叶尖和叶缘，切除腐烂变黄部分后，用清水洗涤，以去除泥沙等杂物，沥干水分。用250mg/kg的二氧化氯水溶液浸泡鲜叶10～20min后，再用水漂洗干净，沥干水分。

用消毒的不锈钢刀切去叶片根部白色部分及叶尖，削去带刺的叶缘，并沿着叶表皮部将青色外皮去除，将叶皮与叶肉分离，取透明肉质备用。用粉碎机将透明的肉质打成小块，通过胶体磨研磨，再进行均质，静置沉淀1h，通过200目尼龙网过滤，可得到基本透明的液体，即为芦荟汁。过滤后的芦荟汁，如不立即使用，必须保存在4℃以下的低温冷库中，以防变质。

（2）番茄汁制备　将番茄清洗干净后，放入榨汁机中榨汁、过滤。

（3）混合　将番茄汁与芦荟汁按7∶1体积比进行混合均匀，添加白糖使其糖度为26%。

（4）发酵　接种0.2g/L的活性干酵母，将接种过的果浆放入22℃恒温箱内培养，每24h测定1次糖度，并不断搅拌。当糖度下降不明显时，则表示主发酵结束，主发酵时间为7d。

（5）后发酵　把上述主发酵液用无菌纱布粗过滤后，测定酒精度，按1.7%糖生成1%酒的比例向发酵液补加白砂糖，使最后的发酵液的酒精度大于15%，于恒温箱20℃发酵1个月。后发酵结束后，采用虹吸法将上清液换入另一个干净的罐中。

（6）陈酿　将上述酒液放在12～14℃的恒温室内储藏1个月。

（7）澄清过滤　陈酿后，酒体还不够清澈，需静置于1～3℃条件下7d，使酒液中的大分子化合物和粗颗粒进一步下沉。取出立即进行虹吸过滤，以防酒体回温冷凝固物溶解。

(8) 杀菌、成品　酒装瓶后于水浴 70℃杀菌 10min，取出冷却即为成品。

(三) 质量指标

(1) 感官指标　金黄色，清澈透明，晶莹、有光泽，无浑浊现象，醇香怡人、清新、优美，有番茄和芦荟的特殊芳香味，滋味圆润、纯正、丰满，饶有余味，酸味柔和、爽口。

(2) 理化指标　酒精度≥15.0%，总糖（以葡萄糖计）≤2g/L，总酸（以柠檬酸计）3.5～5g/L，固形物≥5%。

(3) 微生物指标　沙门菌和金黄色葡萄球菌不得检出。

四十一、木瓜仙人掌复合果酒

(一) 工艺流程

木瓜汁+仙人掌汁→调配→加葡萄酒干酵母→前发酵→后发酵→陈酿→过滤→澄清→灌装→成品

(二) 操作要点

(1) 木瓜汁制备　木瓜经清洗、去皮切分、热烫、打浆后加入 0.05%果胶酶和 0.08%复合纤维素酶，45℃保温酶解 2h，然后过滤取汁。

(2) 仙人掌汁　仙人掌清洗去刺，切成小块，以 1∶1 加水打浆。将果浆按 0.1%加入果胶酶，拌匀后 45℃水浴保温 2h，过滤取汁。

(3) 调配　再将木瓜汁与仙人掌汁按质量比 4∶1 混合后加入 100mg/L 的亚硫酸氢钠，加糖调整糖度为 24%，pH4.0。

(4) 发酵　接入经活化后的活性干酵母（0.015%），在 26℃下发酵 5～7d，发酵过程中测定含糖量的变化，当含糖量为 2%时，进行渣汁分离，然后进行后发酵 15d 左右过滤。

(5) 陈酿　过滤后原酒进行密封陈酿，时间为 1～2 个月，陈酿温度在 20℃以下。酒液尽可能满罐保存，密封要严密，以减少与氧气接触，避免酒的氧化或引起果酒变质。

(6) 澄清　陈酿后的酒液经硅藻土过滤机过滤澄清。

(7) 成品　澄清后的酒液立即进行无菌灌装即为成品。

(三) 质量指标

(1) 感官指标　酒香浓郁，有木瓜和仙人掌的清香，橙黄色，清澈透亮，无杂质悬浮，口感醇厚，层次分明，回味悠长。

(2) 理化指标　酒精度为 12%～13%，残糖含量≤3g/L，总酸（以柠檬酸计）为 0.55mg/100mL，挥发酸为 0.16mg/100mL。

（3）微生物指标　沙门菌和金黄色葡萄球菌不得检出。

四十二、沙棘青稞酒

（一）工艺流程

沙棘果 → 清洗 → 压榨 → 澄清脱脂 ↘

青稞→筛选→粉碎→浸泡→蒸煮→糖化→粗过滤→调配→主发酵→陈酿→稳定性处理→过滤→灌装→包装

（二）操作要点

（1）青稞筛选　选用的青稞应颗粒饱满，有光泽，无霉烂变质等现象，杂质和砂土含量小于 2%。

（2）粉碎　因青稞胚乳非常坚硬，先对青稞进行粉碎，以利于其糊化、糖化。经鼓风过筛后选用两辊的粉碎机粉碎，第一辊和第二辊间距为 0.2～0.3mm，粉碎后检验合格进行浸泡。

（3）浸泡　通过喷淋冲洗将粮食中的灰砂去除，用处理过的净化水浸渍。浸渍时间要根据青稞品种和水温等因素来决定，一般先用常温水浸泡 12h，再升温到 50～65℃，保温浸渍 8h 活化青稞中的淀粉酶。再恢复常温浸泡，中间换水数次。

（4）蒸煮　将浸好的青稞沥干后倾入蒸煮锅，倒入热水淹过蒸煮料即可，加盖开蒸汽。蒸煮时间由青稞品种、浸水后颗粒的含水量、蒸汽压力所决定，并在蒸煮过程中淋浇 85℃的热水，促进颗粒吸水膨胀，达到更好的糊化效果。要求煮后熟度均匀一致，无白心。

（5）糖化　操作时将蒸煮后的物料倾倒至糖化锅中加入投料量 6 倍的热水（50℃），加热至 70℃，加入调温的糖化酶（8～10U/g 原料），在 70℃保温液化 30min，再迅速升温至 100℃，煮沸 20min。由碘试至醪不呈色时糖化结束。

（6）粗过滤　糖化结束后，须在最短时间内将糖化液与青稞糟（残留的皮壳、高分子蛋白、纤维素、脂肪等）进行分离。生产中可采用 80 目滤布完成。

（7）沙棘汁澄清、脱脂　沙棘鲜果经压榨后用离心机分离沙棘油得清汁。测定其沙棘清汁中总酸、糖度、pH。

（8）调配　根据醪液的可发酵糖度、酸度、pH 等理化指标进行计算，加入 10%～15% 沙棘汁和白砂糖，使混合后发酵醪含糖量为 18%～24%，pH3.5～3.8。

（9）主发酵　将活化好的 300mg/L 活性干酵母加入到发酵罐中，并补加 80mg/L 亚硫酸溶液，在 18～20℃下发酵 8～12d，使最终发酵酒精度在 7%～

14%，糖分小于10g/L，挥发酸小于1g/L。主发酵结束后要尽快进行酒脚分离，防止酵母菌自溶。

(10) 陈酿　经过主发酵后的青稞沙棘果酒，口感生涩、略苦，需经过3个月以上的陈酿，温度10～15℃为宜。

(11) 稳定性处理　青稞沙棘酒不仅要具有良好的色、香、味，还必须澄清透明，一般通过下胶、下皂土澄清处理。对于酒中不稳定的酒石酸氢盐则通过冷冻处理，温度控制在0～5℃。冷冻结束，保温7～10d。

(12) 过滤　理化检测合格后经板框式精滤纸板过滤和微孔膜过滤，再进行微生物检测，合格后可进行灌装。

(13) 灌装　为了避免青稞沙棘酒香味的损失，灌装方式采用冷灌装。灌装前对管路、设备用热水和氢氧化钠溶液清洗灭菌，灌装设备必须处于无菌状态，洗瓶用水都是经过无菌膜过滤，灌装前用二氧化硫溶液对空瓶进行密闭式灭菌处理。

（三）质量指标

(1) 感官指标　色泽金黄色，清亮透明，无杂质沉淀及悬浮物。具有沙棘青稞酒的独特风格，具有酸甜适口、爽怡的口感。

(2) 理化指标　酒精度7%～14%，总糖（以葡萄糖计）≤10g/L，总酸（以酒石酸计）≤7g/L，总二氧化硫≤80mg/L。

(3) 微生物指标　沙门菌和金黄色葡萄球菌不得检出。

四十三、雪莲果西番莲复合果酒

（一）工艺流程

雪莲果汁＋西番莲汁→调配→加葡萄酒干酵母→前发酵→后发酵→陈酿→过滤→澄清→灌装→成品

（二）操作要点

(1) 雪莲果汁制备　雪莲果经清洗、去皮切分、热烫、打浆后加入0.05%果胶酶和0.03%复合纤维素酶，40℃保温酶解2h，然后过滤取汁。

(2) 西番莲汁　西番莲果经清洗、切分、过滤取汁。

(3) 调配　再将雪莲果汁与西番莲汁按质量比9∶1混合后加入80mg/L的亚硫酸氢钠，加糖调整糖度为25%，pH4.0。

(4) 发酵　接入经活化后的活性干酵母（0.015%），在25℃下发酵5～7d，发酵过程中测定含糖量的变化，当含糖量稳定时，进行渣汁分离，然后进行后发酵15d左右过滤。

(5) 陈酿　过滤后原酒进行密封陈酿，时间为1～2个月，陈酿温度在20℃以下。酒液尽可能满罐保存，密封要严密，以减少与氧气接触，避免酒的氧化或引起果酒变质。

(6) 澄清 陈酿后的酒液经硅藻土过滤机过滤澄清。

(7) 成品 澄清后的酒液立即进行无菌灌装即为成品。

(三) 质量指标

(1) 感官指标 色泽淡黄，清亮透明，具有西番莲果和雪莲果的混合果香，圆润爽口，回味悠长。

(2) 理化指标 酒精度12%～13%，总糖（以葡萄糖计）≤10g/L，总酸（以柠檬酸计）5～6g/L。

(3) 微生物指标 沙门菌和金黄色葡萄球菌不得检出。

四十四、葡萄干山楂干大枣果酒

(一) 工艺流程

原料预处理→浸提→过滤→澄清（加入果胶酶）→调整成分（糖度和酸度）→接种→发酵→检测→陈酿→后处理→成品

(二) 操作要点

(1) 原料的预处理 先将原料进行挑拣，保证无霉变、破损，然后用小刀在案板上破碎，破碎均匀，达到试验要求。

(2) 原料配比 混合原料中各成分含量的多少会影响成品酒的风味和质量。按下述比例称取葡萄干、山楂干、大枣。原料配比为山楂干∶葡萄干∶大枣＝1∶1∶1。

(3) 浸提 选择最佳浸提温度，使原料中的营养成分和色素等物质尽可能多地溶出，以保证成品酒质量和风味。在60℃料水比为1∶6条件下，浸提时间为6.5h。

(4) 果汁的分离、澄清 用滤布将果汁粗滤。粗滤后，果汁添加0.05%果胶酶在25℃条件下软化果肉组织中的果胶质3h，使之分解生成半乳糖醛酸和果胶酸，黏度降低，促进果汁澄清。

(5) 果汁成分测定 加入适量蔗糖将糖度调整到17°Bx，用柠檬酸调节pH值为4.0，酸可抑制细菌繁殖，使发酵顺利进行，使果酒颜色鲜明，使酒味清爽。

(6) 发酵 酿造葡萄干、大枣、山楂干复合果酒，澄清汁进入发酵罐以后，应立即添加活性干酵母，添加方法为每升果汁添加0.5g活性干酵母。采用20～25℃低温控温发酵，发酵时间5～7d，发酵结束后转入陈酿罐储存。

(7) 储存、过滤、灭菌、装瓶 原酒储存中添加二氧化硫30mg/L，储存60d。采用明胶、蛋白等下胶处理并于－6℃冷冻处理，最后用微孔薄膜过滤。

装酒时，空瓶用2%～4%的碱液在50℃以上温度浸泡后，清洗干净，用0.5%亚硫酸溶液冲洗后装瓶。

（三）质量指标

（1）感官指标　色泽呈浅红棕色或棕色，澄清透明，具有几种干果特有的果香及醇厚的酒香，口味纯正，醇涩协调，酒体丰满，余味绵延，无异味，具有葡萄、山楂和大枣发酵酒的复合风格。

（2）理化指标　酒精度为8%～10%，酸度6～7mg/L，残糖≤4g/L。

（3）微生物指标　沙门菌和金黄色葡萄球菌不得检出。

四十五、山楂鸭梨复合果酒

（一）工艺流程

山楂汁+鸭梨汁→调配→加葡萄酒干酵母→前发酵→后发酵→陈酿→过滤→澄清→灌装→成品

（二）操作要点

（1）复合果汁制备　鸭梨榨汁；山楂去籽，果肉粉碎成粒状，加入梨汁中。每1L三角瓶中装入山楂-鸭梨混合果汁600mL，同时加入55mg/L二氧化硫，用蔗糖调整糖度为21%～22%，山楂浸泡8～10h后，过滤，弃山楂果肉。

（2）发酵　接入经活化后的活性干酵母（0.6g/L），在21℃下发酵6～7d，发酵过程中测定含糖量的变化，当含糖量稳定时，进行渣汁分离，然后进行后发酵15d左右过滤。

（3）陈酿　过滤后原酒进行密封陈酿，时间为1～2个月，陈酿温度在20℃以下。酒液尽可能满罐保存，密封要严密，以减少与氧气接触，避免酒的氧化或引起果酒变质。

（4）澄清　陈酿后的酒液经硅藻土过滤机过滤澄清。

（5）成品　澄清后的酒液立即进行无菌灌装即为成品。

（三）质量指标

（1）感官指标　色泽为琥珀色，清亮透明，无沉淀；具有山楂果香和鸭梨特有的香味，醇正和谐，柔和甘爽，浓郁怡人。

（2）理化指标　酒精度10%～12%，总糖（以葡萄糖计）≤4g/L，总酸（以柠檬酸计）3～4g/L。

（3）微生物指标　沙门菌和金黄色葡萄球菌不得检出。

四十六、新型宝珠梨蓝莓酒

（一）工艺流程

蓝莓汁
↓
宝珠梨→消洗→榨汁→水解→调整糖酸度→酒精发酵→分离→酒脚→调配→冷藏→过滤→巴氏杀菌→装瓶→检验→成品

（二）操作要点

（1）原料选择与处理　要求果农采摘时进行分选，分选时主要是将霉坏粒分选出来，否则经过封装和运输就容易扩大感染，对酿酒不利。

（2）破碎与榨汁　洗干净的新鲜宝珠梨100g，加50g水用破碎机进行破碎，在破碎时，应将果肉破碎率达到97%以上，以便在发酵过程中果肉与酵母菌充分接触。在此期间，添加50mg/L的亚硫酸和250mg/L的果胶酶。亚硫酸盐中含有的二氧化硫，在果酒生产有抑制杂菌生产繁殖、抗氧化、改善果酒风味和增酸的作用，蓝莓榨汁后应立即添加，按照每1L梨汁添加10mL蓝莓汁；果胶酶可以提高果酒的产量和质量，改善香气与品质。

（3）调整成分　蔗糖、柠檬酸用于调配果浆的糖度和酸度。用柠檬酸调节果浆pH为4，用50%蔗糖调糖度至15%。

（4）主发酵　在上述已调整成分的果浆中，接入8%的酵母进行发酵，发酵温度为28℃发酵7d，发酵时用纱布盖发酵罐，并不密封。

（5）后发酵过程　主发酵之后需要有后酵过程，主要是为了降低酸度，改善酒的品质。后酵期间加强管理，保持容器密封，桶满。原酒储存室温度要求8～15℃，储酒室单独存在，窖内有风机排风，排出二氧化碳，保持30d左右，然后过滤除去杂质。

（6）下胶澄清　原酒是一种胶体溶液，是以水分为分散剂的复杂的分散体系，其主要成分是呈分子状态的水和酒精分子，而其余小部分为单宁、色素、有机酸、蛋白质、金属盐类、多糖、果胶质等，它们以胶体（粒子半径为1～100nm）形式存在，是高度分散的热力学不稳定体系，甚至在销售过程中，出现失光、浑浊，甚至沉淀现象，影响果酒的感官质量。采用合适的澄清剂能够使酒液澄清透明和去除果酒中引起浑浊及颜色和风味改变的物质。在室温18～20℃条件下进行，用蛋清粉与皂土制备成的下胶液作为澄清处理剂。

（7）冷处理　冷处理工艺对于改善果酒的口感，提高果酒的稳定性起着非常重要的作用。冷处理方式采取直接冷冻，控制温度于－4～2.5℃，用板框式过滤机趁冷过滤。

（8）过滤、杀菌及包装　按配方要求将原酒调配好后，经理化指标检验和卫生指标检验合格的半成品经过滤机、杀菌机、灌装机、封口机等进行装瓶、封口后，置于80℃的热水中杀菌30min后，冷却，按食品标签通用标准贴上标签并喷上生产日期，即为成品。

（三）质量指标

（1）感官指标　浅黄色，澄清透明，香气纯正清雅，果香酒香协调，纯净和谐，酒体完整，具宝珠梨蓝莓酒特有风格。

（2）理化指标　酒精度7%～15%，总糖（以葡萄糖计）12～50g/L，滴定酸（以柠檬酸计）4～10g/L，挥发酸（以乙酸计）≤1.1g/L，总二氧化硫≤250mg/L，干浸出物≥18g/L。

（3）微生物指标　沙门菌和金黄色葡萄球菌不得检出。

四十七、椰子水腰果梨复合果酒

（一）工艺流程

腰果梨→清洗→破碎→榨汁→过滤→腰果梨汁
椰子→去椰衣→破开椰壳→取椰子水→过滤→椰子水

混合调配→成分调整→接种→主发酵→换罐→陈酿→杀菌→装瓶→成品

（二）操作要点

（1）腰果梨的选择和处理　选择新鲜的、成熟、无病虫害的腰果梨清洗干净后切成小块，放入榨汁机中进行破碎榨汁。将粗果汁通过纱布过滤。

（2）椰子水的制取　成熟的椰子破壳后收集椰子水，用纱布过滤后待用。

（3）成分调整　将100mg/kg二氧化硫添加到混合的腰果梨椰子水复合果汁（腰果梨添加量为8%）中。将焦亚硫酸钠称量好后直接加入复合果汁内，充分混合均匀。混合果汁糖度调整：用糖度计测量混合果汁糖度后，添加适量的白砂糖以调整糖度。试验设计成品的酒精度在8%左右，按下式计算应加入的糖量。

$$X=V(1.7A-B)/100$$

式中，X为应添加的糖量，g；V为发酵液的体积，mL；A是设计的果酒发酵后期望达到的酒精度；B是发酵前果汁的糖含量，%。

酸度调整：测量混合果汁总酸（以柠檬酸计），添加柠檬酸以调整果汁总酸（以柠檬酸计）至0.5%。

（4）接种　试验接种为活性干酵母，接种量为0.4g/L。称取适量酵母加入其10倍重量的5%糖水，在38℃的恒温水浴中活化20min。之后加入到果汁中，轻度搅拌。

(5) 主发酵　经调整成分后的复合果汁，接种后在20℃恒温箱中控温发酵。并每天记录糖度变化，监控发酵过程。当糖度不再变化时，主发酵结束。

(6) 换罐和陈酿　主发酵结束后，对果酒进行换罐，分离出死亡的酵母和沉淀。换罐后继续监测果酒的糖度变化，当糖度不再下降果酒中几乎没有气泡产生时发酵结束。

(7) 杀菌　成品酒采用巴氏消毒法对其进行杀菌，在68℃水浴中杀菌30min。

(8) 成品　杀菌冷却后的酒液立即进行无菌灌装即为成品。

（三）质量指标

(1) 感官指标　澄清，透亮，有光泽，淡黄色，悦目协调；果香、酒香浓馥幽郁，协调诱人；酒体丰满，醇厚协调，酸甜适口，回味绵延；典型完美，独具一格，优雅无缺。

(2) 理化指标　酒精度8%～9%，总糖（以葡萄糖计）≤4g/L，总酸（以柠檬酸计）5～6g/L。

(3) 微生物指标　沙门菌和金黄色葡萄球菌不得检出。

四十八、草莓沙棘复合酒

（一）工艺流程

草莓→分选、洗涤→破碎→白酒浸泡→封口→过滤→滤液澄清处理→过滤→草莓浸泡酒

↓

沙棘果汁→调配→主发酵→陈酿→澄清→离心→勾调

↓

成品←装瓶←杀菌←陈酿

（二）操作要点

(1) 沙棘发酵果酒的制备

① 沙棘果实的采摘。沙棘果皮薄、粒小，不宜太厚堆放，防止果粒霉烂压破。

② 沙棘果实的分选。未成熟的沙棘青绿果应严格剔除，选用理想果实，测定其含糖量及含酸量。

③ 沙棘果实破碎、压榨。采用压榨机将沙棘果破碎，要求果核完整，不影响沙棘汁的质量。在破碎时采取枝果混合破碎或加水稀释破碎的方法，以利于提高沙棘的出汁率。

④ 灭酶脱臭。为了防止酶产生的褐变，将果汁在80℃、0.085MPa条件下进行灭酶脱臭并迅速冷却至室温。

⑤ 成分调整。因沙棘含糖量不足，根据所需酒度将白砂糖加入果浆中（酒

度提高1%需17g/L蔗糖)。

⑥ 主发酵。将沙棘汁调整成分后接入0.2%的活性安琪干酵母，在温度为25～28℃的条件下发酵。

⑦ 后酵、陈酿。后酵温度为18℃，时间为30d。

⑧ 澄清。选用1.0%壳聚糖-0.1%明胶复合澄清剂进行澄清，其透光率、还原糖和总酸的含量、效果都是最好。

⑨ 脱苦。由于柠檬苦素的存在，使得没有进行脱苦的果酒口感很差。在沙棘汁中，加0.1%～0.3%的β-环状糊精对柠檬苦素进行包装。

(2) 草莓浸泡酒的制备

① 洗涤破碎。将新鲜草莓清洗后粉碎成酱状。

② 浸泡封口。按白酒：草莓=3：1的比例加入40%的散白酒，混匀，然后封口浸泡。浸提时间为35d，并且定期进行搅拌。

③ 过滤澄清。先过滤，然后再选用1.0%壳聚糖-0.1%明胶复合澄清剂进行澄清处理。

(3) 勾调及后处理

① 混合。将沙棘酒和草莓酒按一定的比例混合，并调整酒度。

② 调糖调酸。调整酒的糖度和酸度并使酒的口感达到最好状态。

③ 陈酿。将调整好的复合酒在20℃下储存150d即可达到最佳状态，酒香果香悦人，口味较佳。

④ 杀菌。装瓶前采用巴氏杀菌法进行杀菌，100℃，5s。

(三) 质量指标

(1) 感官指标　具有复合沙棘酒特有的清爽感，口味协调；具有浓郁的醇香和果香，无杂味；浅红色；透明，无沉淀及悬浮物；具有复合型沙棘酒的典型风格。

(2) 理化指标　酒精度11%～13%，总酸(以柠檬酸计)6～6.5g/L，总糖(以葡萄糖计)50～80g/L，游离二氧化硫≤20mg/L，总二氧化硫≤40mg/L。

(3) 微生物指标　沙门菌和金黄色葡萄球菌不得检出。

四十九、草莓金樱子复合果酒

(一) 工艺流程

草莓→破碎、打浆→加金樱子粉末→果胶酶处理→压榨→过滤果汁→灭酶→加亚硫酸氢钠→调pH值→调糖→主发酵→过滤→后发酵→澄清→陈酿→调配→冷处理→精滤→分装→密封、杀菌→成品

(二) 操作要点

(1) 草莓打浆　用组织捣碎打浆机将草莓打浆，加入10%金樱子粉末后应

立即添加120mg/L果胶酶，可以迅速软化果肉组织中的果胶物质，使浆液中的可溶性固形物含量升高，提高出汁率。

(2) 酶解　添加果胶酶后40℃酶解2h后过滤，将果汁放入100℃的水浴内保持10min使果胶酶失活。添加150mg/L的亚硫酸氢钠，既可以防止氧化褐变还能与各种酸作用，缓慢产生二氧化硫抑制杂菌。添加少量的碳酸钠、碳酸氢钠和柠檬酸调pH值至3.5，添加蔗糖调节原果汁含糖量至180g/L。

(3) 灭菌、发酵　糖、酸调整好的果汁在80℃水浴中灭菌15min，室温下将活化后的7%酵母液接入果汁中进行主发酵，一般为6d左右，主发酵时应及时搅拌，破坏泡沫，促使发酵完全。当糖含量＜50g/L，酒精含量达10%～13%，主发酵结束。

(4) 后发酵　在20℃左右发酵10～14d，为了防止染上醋酸菌，此时装料率要大，保持容器密封，减少罐内氧气。

(5) 澄清　选用明胶-单宁混合液作为澄清剂，每100mL果酒中加3.25mL明胶和0.25mL单宁，室温下静置72h后，过滤。

(6) 陈酿　在20℃以下，澄清后的原酒陈酿1～2个月，酒液应满罐密封保存，以避免接触氧气引起酒的氧化，影响酒的品质。

(7) 杀菌、成品　为提高混合果酒的口感和稳定性，可对酒液采用直接冷冻的冷处理方式，控制温度于－5～5.5℃，趁冷精滤，滤好后，即可进行分装、封口，于80℃水浴杀菌20min，冷却后即得成品。

(三) 质量指标

(1) 感官指标　酒体浅红色，无沉淀物，澄清透明，有光泽，具草莓和金樱子甜蜜香气和酒香，酒质醇厚丰满。

(2) 理化指标　酒精度为10%～13%，残糖(以葡萄糖计)≤10g/L，总酸(以苹果酸计)≤10g/L。

(3) 微生物指标　沙门菌和金黄色葡萄球菌不得检出。

第六节 柿枣类果酒

一、沙枣果酒

(一) 工艺流程

沙枣→挑选→清洗→加热预煮→打浆→酶解→过滤→调糖、调酸→添加SO_2→接种酵母→主发酵→分离酒脚→后发酵→澄清→陈酿→巴氏杀菌→灌装→

成品

（二）操作要点

（1）加热预煮　沙枣果实经清洗后，加入5倍重量的水在95℃下加热预煮20min，软化组织。

（2）酶解　沙枣经加热预处理后，进行破碎、去核，打浆，冷却至55℃时，加入0.2%果胶酶，保温2h。

（3）调糖、调酸　在过滤后的沙枣汁中加入白砂糖和柠檬酸，将糖度调整至12%～20%，pH值为3.0～3.6。

（4）添加二氧化硫　加入40～120mg/L二氧化硫。

（5）主发酵　在调配好的沙枣汁中接入0.05%～0.25%的活性干酵母（用水活化），然后置于20～30℃恒温培养箱中培养6～7d。

（6）后发酵　主发酵结束后，将酒脚分离，再加入亚硫酸氢钠置于20℃后发酵15d。

（7）澄清　加0.8%硅藻土澄清。

（8）陈酿　澄清后的沙枣酒放置在10℃下陈酿6个月，期间换桶3次。

（9）成品　陈酿完成后的酒液经过滤后，即可进行无菌灌装得成品。

（三）质量指标

（1）感官指标　红色，澄清透明，有光泽，无沉淀物，无悬浮物；具有沙枣的果香，无异香；酸甜适中，醇厚丰满，微带涩味。

（2）理化指标　酒精度12%～14%，糖度（以葡萄糖计）≥50g/L，总酸（以柠檬酸计）7～9g/L，总二氧化硫≤250mg/L，挥发酸≤0.8g/L。

（3）微生物指标　沙门菌和金黄色葡萄球菌不得检出。

二、红枣果酒

（一）工艺流程

鲜红枣→分选→冷水浸泡→红枣汁→发酵→发酵汁→勾兑（←乙醇浸泡汁；←蜂蜜汁）→陈酿→装瓶→成品

（二）操作要点

（1）原料选择　选优质红枣进行加工，并把病、虫、霉、坏果剔除。

（2）浸泡　把枣原料分别用冷水浸泡和乙醇浸泡。

①冷水浸泡　用冷水浸泡24h，使其充分吸水膨胀后，在破碎机内破碎成块，以便于酵母菌接触发酵。用酵母量为总重的5%～7%，于25℃下，经过

15～20d可发酵完成。

② 乙醇浸泡 将95%（体积分数）酒精加软化水稀释到30%（体积分数）后，再加热到70℃，冷却。按1∶5的量将果浸泡；然后加热煮沸10min。待酒把大枣中的色素和有效成分提取出后，再把汁、渣分离。渣按1∶3的比例用30%（体积分数）酒浸泡1次，煮15～20min，分离。把2次浸泡汁兑在一块，过滤，杀菌备用。

(3) 配制蜂蜜汁 把蜂蜜由70%浓度加软水，先稀释到40%，再稀释到20%，并加入0.1%柠檬酸。将稀释后的蜂蜜加热到60℃，过滤备用。加酸的目的在于溶解矿物质。由70%先到40%再到20%的作用是有利于花粉溶解，并可抗菌。最后放在低温下储存，防止发酵，还可保持生物酶的活性。

(4) 勾兑 把发酵汁、乙醇浸泡汁、蜂蜜按照比例进行勾兑。一般发酵汁为50%，乙醇浸泡汁20%～30%，蜂蜜20%～30%。

(5) 陈酿 在低温下陈酿1年时酒产香和澄清。

（三）质量指标

(1) 感官指标 外观呈红色，澄清透明，无悬浮物，无沉淀，具有浓郁的红枣果香和发酵酒香，口味柔和协调，酒体丰满，酸甜适口，风格独特。

(2) 理化指标 酒精度14%～16%，总糖（以葡萄糖计）20～40g/L，总酸（以柠檬酸计）≤0.5g/L，挥发酸（以乙酸计）≤0.3g/L。

(3) 微生物指标 沙门菌和金黄色葡萄球菌不得检出。

三、太谷壶瓶枣酒

（一）工艺流程

干枣→清洗→烘烤→粉碎→加水→浸提→调整糖度→添加酵母→发酵→酒渣分离→后发酵→澄清→杀菌→成品

（二）操作要点

(1) 原料的处理 选取优质、无霉烂、无虫蛀的干枣，用清水清洗果皮表面的泥土、杂质，然后在50℃下烘干至恒重。添加4倍重量的水调整好枣液，对其进行浸提。浸提温度90℃，时间100min，冷却后加入0.1%果胶酶进行酶解，酶解温度为50℃，酶解时间3h。之后调整枣液糖度，使其总糖含量为23%左右。

(2) 接种发酵 接种0.4%的酵母于红枣汁中，混匀，置于20℃恒温培养箱内进行酒精发酵7d。同时每天测其糖度与酒精度。当糖度不再降低时，主发酵结束。酒渣分离后进行后发酵，温度15℃，时间20d。

(3) 澄清 将红枣发酵酒液在4000r/min条件下离心20min，取上清液。

(4) 灭菌　离心后的酒液经巴氏杀菌，灌装，即得成品红枣酒。

(三) 质量指标

(1) 感官指标　红色，清澈透明，无悬浮物，枣香浓郁，口感醇厚，酒味协调。

(2) 理化指标　酒精度10%～11%，总糖（以葡萄糖计）≤5g/L，总酸（以柠檬酸计）4～5g/L。

(3) 微生物指标　沙门菌和金黄色葡萄球菌不得检出。

四、野酸枣果酒

(一) 工艺流程

野生酸枣→挑选、清洗→水化→脱核→破碎→压滤、滤液→发酵→澄清→陈酿→过滤→灌装→成品

(二) 操作要点

(1) 挑选、清洗　将挑选计量后的干枣经流动水洗去果皮表面的泥土、杂质及附着的微生物等，以防带入果液中，影响浸渍和发酵，造成酒液浑浊现象。

(2) 水化、脱核和破碎　将干枣于25～30℃的温水中水化16～18h，水化处理后及时脱核、破碎。

(3) 发酵　传统葡萄酒酵母经驯化后，进行扩大培养，再将菌悬液按7%的量加入滤液中，发酵温度为30℃。另外，发酵过程中游离二氧化硫的含量应控制在20～25mg/L。

(4) 调配　用野生酸枣发酵的原酒加白糖、柠檬酸、食用酒精及酸枣清汁进行调配。

预先将白砂糖加水化开，并加入一定量活性炭加以吸附，不断搅拌，保持30～40min，过滤后备用；调酸以柠檬酸为宜，酸味口感较好。

(5) 酒精脱臭处理　将酒精稀释后加入0.1%颗粒状活性炭，充分摇匀后，加盖放置18～20h，其间搅拌多次，每次不少于5min，最后经过滤备用。

(6) 过滤　酒液配制后静置一段时间，加入一定量的硅藻土精滤果酒，使其色泽稳定、纯正清亮。

(7) 成品　过滤后的酒液立即进行无菌灌装得成品。

(三) 质量指标

(1) 感官指标　枣红色，具有醇正、优雅、怡悦和谐的果香和酒香；具有甘甜醇厚的品味和果酒香味，酸甜协调，酒体饱满；澄清透明，有光泽，无明显的悬浮物。

(2) 理化指标　酒精度6%～11%，总糖（以葡萄糖计）≥12g/L，总酸（以柠檬酸计）≥0.5%，可溶性固形物（以折射率计）≥14%。

(3) 微生物指标　沙门菌和金黄色葡萄球菌不得检出。

五、青枣果酒

（一）工艺流程

台湾青枣→分级、洗涤→去皮、去核→打浆→过滤→果汁调整→发酵→新酒调配→陈酿→澄清→成品

（二）操作要点

(1) 清洗容器　用75%酒精溶液或用配置的100mg/L亚硫酸或亚硫酸相关溶液（有效SO_2浓度为100mg/L）冲洗发酵容器。

(2) 原料分级与洗涤　挑选充分成熟的台湾青枣果实，剔除腐烂及病虫果，用清水洗净其表面尘土及残留农药等。

(3) 去皮　直接人工削皮或根据青枣品种与成熟度，用90～100℃热水烫漂1～2min，然后迅速冷却，将青枣放于筛网上筛动去皮。

(4) 去核　采用不锈钢刀手工去核。

(5) 打浆与过滤　采用家用水果打浆机打浆并过滤。

(6) SO_2溶液制备　按果汁中SO_2浓度为50mg/L要求，将亚硫酸盐用少量蒸馏水溶解，装入发酵容器封盖。青枣榨出汁后，立即装入发酵容器内，并搅拌均匀、封盖。

(7) 酵母制备　本处理采用安琪牌果酒活性干酵母，按菌种浓度为100mg/L要求添加。称取一定量酵母和砂糖，先将砂糖放入水中溶解制成2%糖溶液，再加入菌种，50min后将其全部加入果汁中正常发酵即可。

(8) 调整成分　调整果汁糖、酸含量，用折光仪或糖度计测定果汁含糖量，含糖量低则需加纯净蔗糖，同时测酸度，调至所需含酸量。一般含糖量要求25%左右，含酸量要求为0.6g/100mL。

(9) 主发酵　将预备发酵的果汁装入发酵容器中，所装果汁量约占瓶容量4/5。待果汁添加SO_2达6h后，按100mg/L比例添加制备好的酒母。容器封严并配置发酵栓进行密封发酵，以免引起有害微生物生长繁殖。经10～14d主发酵（发酵醪酒中产气明显减少，液面趋于平静）完成。发酵过程中每天早、中、晚各晃动1次，使罐内各部位浆料均匀发酵。

(10) 砂糖添加　以发酵酒度16度为标准在发酵旺盛期补加不足的糖分。

(11) 后发酵　将主发酵完成后的原酒经过滤后倒入另一消毒的容器中进行后发酵，同时加入适量亚硫酸盐做防腐剂（一般为40～50mg/L），护色杀菌，

后发酵一般为1个月左右。

(12) 新酒调配 后发酵结束后，将过滤的新酒调整糖、酸及酒度。此时可加入40～50mg/L二氧化硫。调配标准为糖度15%，酸度0.5g/100mL（以柠檬酸计），酒度16°。

(13) 陈酿 经调配后的新酒装入消毒后的容器中，即进入陈酿期。酒必须装满，封闭严密，陈酿时间1～3年。

(14) 澄清与换桶 用明胶作澄清剂，先用70℃水溶解并制成8%溶液，在台湾青枣酒中用量为0.02%。换桶的目的是使酒液与陈酿期产生的沉淀分开以免影响酒质。一般陈酿100d后换第1次；再过150d后换第2次；又过150d换第3次；以后每年1次。时间尽量选在气温低、空气流动小的空间内进行。

（三）质量指标

(1) 感官指标 清亮透明，具有台湾青枣的果香味和酒香味，柔和协调，清爽醇和。

(2) 理化指标 酒精度15%～16%，总糖（以葡萄糖计）15g/L，总酸（以柠檬酸计）0.5g/100mL。

(3) 微生物指标 沙门菌和金黄色葡萄球菌不得检出。

六、大枣枸杞保健果酒

（一）工艺流程

干大枣→清洗→热浸提→打浆过滤→调整成分→发酵→过滤、澄清→枣酒→成品

↑

枸杞→清洗→粉碎→热浸提→过滤、澄清→枸杞提取液

（二）操作要点

(1) 清洗 将优质干大枣进行清洗，洗去上面附着的泥沙及微生物，防止其影响发酵。同时挑选优质枸杞进行清洗。

(2) 热浸提（大枣） 将处理（烘烤、浸泡）后的大枣在90℃条件下进行热浸提2h，同时要不断进行搅拌，以提高浸提效率，使得红枣中可溶性营养成分尽量全部溶出。

(3) 打浆过滤 经过热浸提后的浓浆液冷却后，加至组织捣碎机中进行打浆破碎，然后将打浆后的浓浆液用60目以上细滤布过滤后即得红枣原汁。

(4) 调整成分 分别向枣汁中添加蔗糖和柠檬酸，使可溶性固形物含量达到20%，pH在3～4之间。

(5) 发酵 将活化好的酵母加入处理好的枣汁中，在发酵罐中发酵，温度控制在28℃。发酵的前2d，每隔2h搅拌1次，2d之后停止搅拌，密封，发酵6d，

当干物质含量<5%时，可认为发酵停止。最终获得酒精度为12.5%，可溶性固形物总含量为4.9%，总酸为4.2g/L的枣酒。

(6) 粉碎　用粉碎机将枸杞进行粉碎，尽可能破碎完全。

(7) 热浸提（枸杞）　采用水浴加热，将枸杞加入60%的食用酒精（料液比为1∶35，g/mL），密封，进行80℃热浸提1h。

(8) 过滤、澄清　采用壳聚糖对红枣发酵酒进行澄清，用细纱布对枸杞浸提液进行过滤。

(9) 成品　以枣酒为基酒，加入适量枸杞提取液获得酒精含量为32%的保健酒。

（三）质量指标

(1) 感官指标　枣红色，澄清透明，具纯正、优雅的枣香，有新鲜怡人的枣味，酸甜适度，酒体丰满。

(2) 理化指标　酒精度32%，总糖（以葡萄糖计）≥10g/L，总酸（以柠檬酸计）8～9g/L。

(3) 微生物指标　沙门菌和金黄色葡萄球菌不得检出。

七、柿子果酒

（一）工艺流程

柿子→清洗→脱涩→除果柄和花盘→打浆→酶处理→调整成分→酒精发酵→新酒分离→后发酵→原酒储存、倒缸→调配→陈酿→成品

（二）操作要点

(1) 原料选择、清洗　选择含糖量高（一般要求总糖含量为16%～26%，总酸含量0.8～1.2%）、充分成熟的柿子鲜果，剔除有病虫害、损伤、腐烂的劣果；用清水洗净柿子表皮的污染物，水中也可加入0.05%的高锰酸钾消毒，清洗后沥干水分。

(2) 脱涩　用40～45℃的温水浸泡24h脱涩，也可采用温水、石灰水、酒精等其他脱涩方法。

(3) 除去果柄和花盘、打浆、酶处理　除去果柄和花盘，用打浆机将鲜果破碎打浆并将柿子果浆加热40～50℃，加入0.4%的果胶酶，处理3～4h，利用果胶酶的作用降低果胶含量，减少果肉黏度，以利于出汁。

(4) 调整果汁成分　直接制备的柿子原汁糖度略低，发酵前应对原汁的糖酸度等做适当调整。果酒酒精度一般为12%～13%，酒精度低于10%的果酒保存很困难。通常果汁中含糖17g/L，可产生酒精1%，依照此标准补足缺少的糖分。用白砂糖调节果汁糖度为18%～20%，不得超过25%，因果酒属于低度酒，

酒精度以不超过16%为限。加糖过多，渗透压增大，不利于主发酵。

(5) 酒精发酵　将果汁泵入发酵罐，容器充满系数控制在80%，以防发酵时膨胀外溢。加入0.5%～0.8% TH-AADY发酵剂，复水活化后使用（即用含糖5%，30～40℃，20倍的温水活化35min左右充分搅拌均匀）。发酵开始时要供给充分的空气，使酵母加速繁殖；在发酵后期密闭发酵罐。控制发酵温度在25～28℃，加入70～80mg/L亚硫酸，以防杂菌感染。发酵过程中每日搅动2次，使发酵罐上、下层发酵温度均匀一致，主发酵时间10～14d。

(6) 新酒分离　当发酵中果浆的残糖降至1%时，立即把果肉渣和酒液分离，先取出流汁，然后将果渣放入压榨机榨出酒液，转入后发酵。

(7) 后发酵　分离出来的酒仍含有一定的残糖，需作进一步的发酵来降低残糖称为后发酵。在分离过程中混入了空气，使酵母重新活跃，对残糖继续分解，发酵速度较为缓慢，控制发酵温度在20～25℃，经20～25d后，发酵醪残糖≤4g/L，后发酵结束，分离掉酒脚，原酒送入储罐。

(8) 原酒储存、倒罐　原酒中加入二氧化硫80mg/L，储存2个月，储存期间倒罐2～3次，分离掉酒脚，原酒中添加二氧化硫能抑制野生酵母、细菌、霉菌等杂菌繁殖，防止酚类化合物、色素、儿茶酚等物质氧化，加速胶体凝聚，对非生物杂质起到助沉作用，收集得到的酒脚经蒸馏后可用于成品酒度的调整。

(9) 调配酒液、满罐陈酿　经澄清后的柿子原酒酸度高，无法直接饮用，测定原酒的糖度、酒度、酸度，按照成品的理化指标分别调整到规定值，储存20～30d，储存过程中加入0.02%的JA澄清剂，再次对酒液澄清；在8～18℃的较低温度下密闭陈酿3～6个月，使果酒中的酸醇缓慢酯化，增加果酒的香味，逐渐使诸味协调自然，改善其色、香、味。经过陈酿储藏，使酒体丰满，风味纯正，口感圆润。

（三）质量指标

(1) 感官指标　淡黄色，清亮透明，具纯正清雅的柿子果香及酒香，酸甜适中，酒体协调，爽口纯正，余味悠长。

(2) 理化指标　酒精度12%～13%，总糖（以葡萄糖计）≤4g/L，总酸（以柠檬酸计）9～11g/L，总二氧化硫≤50mg/L。

(3) 微生物指标　沙门菌和金黄色葡萄球菌不得检出。

八、酸枣全果果酒

（一）工艺流程

酸枣→分选→洗涤→破碎→水化浸泡→加亚硫酸氢钠→加果胶酶→主发酵→分离→后发酵→补加亚硫酸氢钠→储存→调配→过滤→冷冻→过滤→杀菌→装

瓶→成品

（二）操作要点

（1）原料选择　要求成熟度高，籽粒饱满，色泽纯正，果粒均匀，无病虫害，无腐烂变质现象。

（2）原料处理　酸枣洗净除杂、破碎，要求果肉破碎而果核完整。由于酸枣果肉的含水量较少，因此在压破的酸枣果肉中加入1倍体积量的4%脱臭酒精软化水进行浸泡，并加入130mg/L亚硫酸氢钠，这样有利于果皮上的色素和芳香物质浸出，还能抑制有害杂菌，达到降酸作用。

（3）加果胶酶　破碎后的混合酸枣果肉浆呈胶着状态，需要加40～60mg/L的果胶酶，搅匀，水解24h，使果胶在酶的作用下被分解成半乳糖醛酸和果胶酸，酸枣混合汁液的黏度下降，有效成分浸出，出汁率提高。

（4）主发酵　酸枣汁的含糖量约为10%，根据18g/L的糖可生成1%（体积分数）酒精的比例，加入所需白砂糖总量的一半以及6%左右的三级培养酵母液，在25～28℃的温度条件下进行主发酵，待混合发酵液的糖度降至6%～7%时，再将剩余的糖全部加入。一般主发酵时间为5～9d。

（5）后发酵　主发酵过7d左右，发酵醪的相对密度降至1.015～1.025之间时，将酸枣原酒放出，在密闭的不锈钢发酵罐中进行没有皮渣、品温为16～20℃的后发酵。经过20d左右的后发酵，酸枣原酒的含糖量在3g/L以下，此时酒中的酵母等非溶解性物质大量沉淀，需及时倒罐实现原酒与渣的分离。由于酒精度较低，原酒抵抗微生物的侵染能力有限，须再继续添加80mg/L左右的亚硫酸氢钠抑制杂菌，同时也在一定程度上阻止酸枣原酒的氧化，保持其果香味。

（6）后处理　成熟的原酒经调配后即进行下胶处理，过滤后冷冻处理，冷冻温度控制在－7℃，冷冻时间3～7d，趁冷过滤，5～10℃储存3个月后进行过滤、巴氏杀菌处理，经检查合格后即可装瓶。

（三）质量指标

（1）感官指标　棕红色，澄清透明，无明显悬浮物，无沉淀物；酸甜适口，醇厚柔韧，酒体丰满，余味绵长，无异味。

（2）理化指标　酒精度10%～13%，总糖（以葡萄糖计）≤10g/L，总酸（以柠檬酸计）5～10g/L，总二氧化硫≤160g/L，干浸出物≥16g/L。

（3）微生物指标　沙门菌和金黄色葡萄球菌不得检出。

九、樱桃番茄果酒

（一）工艺流程

新鲜樱桃番茄→选过清洗→去梗→破碎→50℃果胶酶处理1h→过滤→调

糖→调酸→接种→主发酵→倒瓶→后发酵→陈酿→下胶→澄清处理→调配→杀菌→樱桃番茄果酒

（二）操作要点

(1) 樱桃番茄的清洗　选择新鲜红色、无腐烂变质的樱桃番茄，用清水清洗、去梗、沥干、称质量。用紫外线对樱桃番茄进行处理，作用时间 2min，可杀灭 95%以上的微生物，减少发酵过程中二氧化硫的用量。

(2) 亚硫酸、果胶酶处理　按照 0.025%的比例向打浆后的果汁中添加果胶酶，按二氧化硫浓度为 110mg/L 加入偏重亚硫酸钾。

(3) 樱桃番茄榨汁　将称好的灭菌后的樱桃番茄加入组织破碎机，打成浆，置于 50℃水浴中保温 1h 后，过滤得到澄清的原果汁。

(4) 糖度调整　樱桃番茄含糖质量分数一般为 6.3%～7.88%，若仅用鲜果发酵则糖度较低。添加适量白砂糖可以提高发酵酒度。本试验采用一次添加法添加白砂糖。用普通添加法添加白糖会给产品带来明显的粗糙感，通常处理成可发酵的糖来添加，其方法是将 5g 蒸馏水加入 250mL 烧杯中，煮沸后立即将称好的白砂糖倒入，不停搅拌；同时，按 1kg 白砂糖加入 10g 柠檬酸的比例添加，待糖全部溶解后，加入原果汁，搅拌溶解。

(5) 酸度调整　酵母生长最适 pH 值为 5～6，这种 pH 值下酵母生长、繁殖和发酵都很迅速。本试验在 pH 值过低时用碳酸钙调整，pH 值过高时用柠檬酸调整。

(6) 酵母活化　活性干酵母在固定化之前，必须经活化。即在 35～40℃，含糖 5%的温水中加入 10%的活性干酵母，小心混匀后静置，每隔 10min 搅拌几下，经 20～30min 结束，之后再对酵母固定化。

(7) 酵母固定化

$CaCl_2$ 溶液的配制：称取无水氯化钙，溶于蒸馏水中，配制成质量分数为 4%的 $CaCl_2$ 溶液，摇匀。调节 pH 值至 5.0，分别置入 250mL 的三角烧瓶中各 150mL，灭菌，备用。

海藻酸钠溶液的配制：称取海藻酸钠溶于蒸馏水中，加热使其充分溶解，配制成质量分数为 2%的海藻酸钠溶液，灭菌，备用。

固定化过程：在无菌操作台中，每取 10mL 海藻酸钠溶液，加入 1mL 菌悬液，混合均匀，将混合物吸入注射器，以恒定的速度滴到 $CaCl_2$ 溶液中，钙化 30min 后，将凝胶珠用无菌水洗涤 3 次，加到已配制好的发酵液中进行发酵，每隔 8h 测定 1 次指标。

(8) 主发酵　本试验用玻璃瓶酿造法。用 250mL 磨砂口玻璃瓶，每瓶只能装 60%的发酵液，瓶口垫上湿热杀菌的白滤布，留缝隙，以免瓶盖飞起来。1～2d 可看到瓶中汁液翻腾，生成厚而疏松的浮糟。酒精发酵是厌氧过程，不需要氧气，但微量的氧气是形成酵母细胞及维持其功能必不可少的。因而在酵母发酵初期应适当通入无菌空气。2d 后进入主发酵阶段，此时必须停止通入无菌空气，取下白滤布用石蜡封盖，用无毒塑料布包住瓶盖，用细线扎几道。当测得残糖量为 3%时，发酵时间约为 7d，倒瓶分离除去醪糟。发酵时间为 7～12d，温度 25℃，定期测定发酵液中总糖、总酸及酒精含量。

(9) 分离、后发酵、陈酿　主发酵结束后，采用虹吸方法将上层酒液转移到另一洁净杀菌的容器中，注满，尽量减少酒与空气的接触，防止过多空气进入造成醋酸菌污染和氧化浑浊。当测得残糖量为 0.1%以下时，后发酵完毕。后发酵的温度低于主发酵的温度约 5℃。发酵酒液在 10℃下陈酿，陈酿期间，为防止酒液出现病害，须保证酒液不与空气接触，新酒必须保证添满酒桶密封储存，或在酒液表面放一层高度酒精以隔氧。

(10) 澄清方法　采用明胶-单宁澄清法（明胶与单宁质量比为 1∶13）。明胶在使用前应先用冷水浸泡，然后控制温度在 50℃下搅拌均匀，使其完全溶解。单宁可直接用热水溶解。先加单宁再加明胶，正负电荷相结合，形成絮状沉淀，下沉、吸附酒样中的杂质灰尘，最后静置过滤。

(11) 成品　澄清后的酒液立即进行无菌灌装即为成品。

（三）质量指标

(1) 感官指标　色泽金黄，果香浓郁，澄清透明，酒体柔和纯正。

(2) 理化指标　酒精度 10%～12%，总糖（以葡萄糖计）10～15g/L，总酸（以柠檬酸计）6～7g/L。

(3) 微生物指标　沙门菌和金黄色葡萄球菌不得检出。

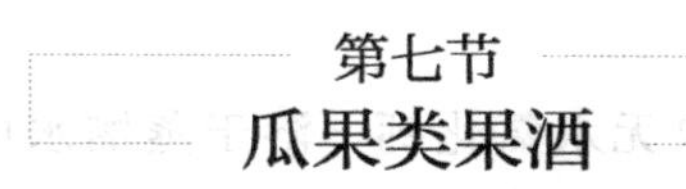

第七节 瓜果类果酒

一、优质哈密瓜酒

（一）工艺流程

哈密瓜→清洗→削皮→破碎→调整成分→杀菌→前发酵→后发酵→澄清→储存→调配→过滤→装瓶→杀菌→灌装→成品

（二）操作要点

(1) 原料处理　选择汁多、含糖量高、成熟度适宜且具有浓郁香气的品种。把瓜利用清水洗净并剔除成熟度差、霉烂变质的瓜果。削去果皮，将瓜切为两半，去净瓜籽，利用清水冲洗干净备用。利用不锈钢刀将瓜切成 0.5cm 见方的方块。切勿太碎，以免影响出汁。随即进行榨汁，并用纱布进行粗滤，滤去果肉块获得哈密瓜汁。

(2) 杀菌、发酵　哈密瓜在主发酵前进行杀菌，一般温度掌握在70℃，保持15min，冷却到22～25℃，然后加入人工培养的酵母3%～5%，发酵时间为5～7d。在主发酵期间，采取每天多搅拌的方法，将浮在液面上的瓜肉压进果汁之中，以防杂菌生长，同时增加发酵液的循环，促使发酵旺盛（也可采取压板发酵法）。

(3) 后发酵　进入后发酵容器时，要求满桶密封，桶顶中间留一个小孔，插入一根弯曲玻璃管，玻璃管的另一端通入盛有水的容器里，使发酵余留的二氧化碳排出桶外，使空气不能进入桶内，避免杂菌侵入。后发酵结束时的残糖含量在0.15%以下。

(4) 澄清　后发酵结束后，进行澄清处理。按照100kg原酒加入3个鸡蛋清和30g盐的比例混合均匀，倒入原酒中，经过20d，基本澄清透明，然后进行倒桶分离，储存陈酿。

(5) 成品　调配检验合格后，过滤，装瓶，灭菌，65～70℃水浴保温15min，自然冷却，包装，成品入库。

（三）质量指标

(1) 感官指标　金黄色，晶亮透明，果香与酒香协调，瓜香浓郁突出，酸度适中，醇厚丰满，酒体完整，具有哈密瓜酒独特的风格。

(2) 理化指标　酒精度14%～16%，总糖（以葡萄糖计）12～13g/L，总酸（以柠檬酸计）5～6g/L，挥发酸（以乙酸计）≤1g/L。

(3) 微生物指标　沙门菌和金黄色葡萄球菌不得检出。

二、三叶木通果酒

（一）工艺流程

原料预处理→发酵前处理→主发酵→过滤、澄清→陈酿→成品

（二）操作要点

(1) 原料预处理　取成熟的三叶木通果实，三叶木通果肉打浆、去籽、过滤、装罐。

(2) 发酵前处理　装罐后，加果胶酶，用量为20mg/L，静置2～4h，使其充分分解果胶，再加调硫片，用量为50mg/L，调整果浆的糖度至22%。

(3) 主发酵　选取陈酿型干红葡萄酒专用酵母，接种量为0.2g/L。发酵温度控制在23～28℃之间，发酵过程中每天搅拌3～5次，发酵期间可用两层纱布封口。发酵第2天，加入发酵助剂和橡木片，搅拌，继续发酵。主发酵结束判

定：发酵高峰过后，液温逐渐下降，气泡少，甜味变淡，酒味增加，用密度计测量读数小于 1.0 时，主发酵基本结束，主发酵时间为 9d 左右。

（4）过滤、澄清　用虹吸法将清液转移出来，使新酒与果渣分离，新酒中加入 0.8g/L 的皂土，搅拌，然后放在 0～4℃下澄清 4～7d 后，用虹吸法分离上层清液，进入陈酿阶段。

（5）陈酿　将果酒转入小口酒坛中，10～12℃低温密封满罐储藏 30d。

（6）成品　陈酿后的酒液立即进行无菌灌装即为成品。

（三）质量指标

（1）感官指标　酒液清亮透明，颜色淡黄，无悬浮物，酒香浓郁，口感微酸。

（2）理化指标　酒精度 9%～10%，总酸（以柠檬酸计）≤11g/L，总糖（以葡萄糖计）≤8g/L。

（3）微生物指标　沙门菌和金黄色葡萄球菌不得检出。

三、打瓜酒

（一）工艺流程

打瓜→清洗→破碎→打浆→酶解→过滤→成分调整→前发酵→后发酵→澄清→调配→装瓶→杀菌→成品

（二）操作要点

（1）原料处理　选肉质厚、成熟度适中、无病斑、无机械损伤的果实，去蒂，清洗干净，去皮，破碎成 $1cm^3$ 左右的瓜丁，置于打浆机中打浆，并在浆液中添加 110mg/L 偏重亚硫酸钾。

（2）酶解　称取占瓜浆质量 0.02%的果胶酶，溶于 36℃的水中，配成 1%的溶液，加入到瓜浆中，搅拌均匀，静置 8～10h，沉渣下降，进行过滤。

（3）成分调整　按照 1.7g/100mL 糖生成 1%（体积分数）酒精来补加糖量。将糖溶化成糖浆，加入到瓜浆液中，使糖度达到 21%后，再用柠檬酸调整 pH 值至 3.8。

（4）干酵母活化　称取占瓜浆质量 0.02%的葡萄酒干酵母，加入 10 倍水、8%白砂糖，在 40℃活化 2h，再加入少量的香瓜汁活化 15min。

（5）接种、发酵　将已处理好的瓜浆转入发酵罐，加入活化后的酵母（干酵母用量 0.02%），适当搅拌，在 24℃发酵 10d。当糖度降到 4%，发酵液表面有清液析出时，主发酵结束，倒罐。18℃后发酵 15d，当糖度降到 1%左右，酒脚完全下沉，酒香浓郁，酒体淡黄且清亮光泽，散发独特芳香的瓜味时，即可除渣分离。

(6) 澄清、过滤　原酒发酵结束后基本澄清，但酒中仍有稳定的胶体、蛋白质等成分，易形成浑浊和沉淀。为提高酒的稳定性，则添加0.01%明胶和0.03%皂土澄清3d。

(7) 调配　按产品特点要求对打瓜原酒进行风味和成分调整。

(8) 杀菌　将澄清过滤调配好的打瓜酒装瓶，在60～70℃保温10min，入库储藏。

（三）质量指标

(1) 感官指标　酒体澄清透明，有光泽，淡黄色，无沉淀及悬浮物；醇和爽口，余味悠长；有独特的打瓜香气，无其他异味。

(2) 理化指标　酒精度11%，可溶性固形物13%，总糖（以葡萄糖计）15g/L，总酸（以柠檬酸计）3.6g/L，游离二氧化硫≤0.04g/L。

(3) 微生物指标　沙门菌和金黄色葡萄球菌不得检出。

四、野木瓜果酒

（一）工艺流程

木瓜→清洗→破碎→压榨→果汁→成分调整→主发酵→后发酵→陈酿→澄清→调配→灌装→成品

（二）操作要点

(1) 检选　选择八九成熟、无腐烂变质、无病虫害及机械损伤的木瓜果实。

(2) 清洗　用清洁流水洗去表面大量微生物和泥沙，去除果核。

(3) 破碎　将果实破碎成为果肉和果汁相混合的疏松状态，加入0.1%果胶酶，并按100mg/kg加入2%偏重亚硫酸钠溶液，混匀。

(4) 压榨　用榨汁机压榨，要先轻后重，待果汁流量高峰过后再逐渐加压，如有必要可添加3%左右的助滤剂。

(5) 成分调整　为了保证果酒质量，要对其成分进行调整。添加蔗糖调整果汁含糖量为20%～22%，加柠檬酸调整总酸在0.6～0.8g/100mL为宜。

(6) 主发酵　将调整后的果汁醪液置于主发酵罐中，加入培养好的酵母液，接种量为5%，在18～22℃发酵3～4d，发酵期间应抽汁循环3次。发酵至醪液中残糖1%以下，酒精度为9.5%～10%（体积分数）时，结束主发酵。

(7) 转罐与后发酵　将主发酵罐中的醪液送入后发酵罐，使未发酵完全的醪液完全发酵，注意转罐时不要溶入较多的空气，容器要装满，以防止过多空气进入，造成醋酸菌污染和氧化浑浊。后发酵宜在10℃温度条件下，经过2～3周，至醪液中残糖含量降至0.1%以下，后发酵完毕。

(8) 陈酿、转罐　新酒经过陈酿，清凉透明，醇和可口，酒香浓郁。陈酿应在温度为0～4℃，相对湿度为85%的条件下，储存3～6个月。转罐用泵输送或采用虹吸法，宜在空气隔绝情况下进行，减少果酒与空气的接触，避免造成酸败。

(9) 澄清　陈酿期间加入明胶的目的是在单宁的影响下，使悬浮的胶体蛋白质凝固而生成沉淀。在沉淀下沉过程中，酒液中的浮游物附着在胶体上一起下沉到底，使酒变得澄清。木瓜果酒单宁含量高，果酒稳定性好，加入明胶0.3g/L，1周左右酒液即可澄清。

(10) 调配　陈酿好的酒可根据市场需求进行调配，主要调配果酒的酒精度、糖分、酸度、色泽及香气等。

(11) 装瓶杀菌　果酒在装瓶前需进行1次精滤和空瓶消毒，装瓶密封后在60～70℃温度下杀菌15min。酒精度在16%（体积分数）以上的果酒，可不用杀菌，装瓶密封即可。

(12) 成品　检验果酒中是否有杂质，装量是否适宜，合格后贴标、装箱，在低温下保存。

（三）质量指标

(1) 感官指标　澄清透明，有光泽，无明显悬浮物，无沉淀物；金黄色，具有木瓜独特的果香味，酒香醇厚，果香与酒香协调；酸甜适宜，醇和浓郁。

(2) 理化指标　酒精度16%，总糖（以葡萄糖计）75g/L，总酸（以柠檬酸计）4.8g/L，干浸出物0.73g/L。

(3) 微生物指标　沙门菌和金黄色葡萄球菌不得检出。

五、干型番木瓜果酒

（一）工艺流程

番木瓜→分选清洗→去皮去核→打浆→静置→成分调整→主发酵→渣液分离→后发酵→陈酿→澄清→过滤→灌装杀菌→成品

（二）操作要点

(1) 原料处理　选肉质厚、成熟度适中、无病斑、无机械损伤的果实，清洗干净、去皮，破碎成1cm^3左右的瓜丁，置于打浆机中打浆，并在浆液中添加100mg/L偏重亚硫酸钾。

(2) 酶解　称取占瓜浆质量0.01%的果胶酶，溶于32℃的水中，配成1%的溶液，加入到瓜浆中，搅拌均匀，静置2h，沉渣下降，进行过滤。

(3) 成分调整　按照1.7g/100mL糖生成1%（体积分数）酒精来补加糖量。将糖溶化成糖浆，加入到瓜浆液中，使糖度达到26%后，再用柠檬酸调整pH值至4.0。

(4) 干酵母活化　称取占瓜浆质量0.02%的葡萄酒干酵母，加入10倍水、8%白砂糖，在40℃活化2h，再加入少量的瓜汁活化15min。

(5) 接种、发酵　将已处理好的瓜浆转入发酵罐，加入活化后的酵母（干酵母用量4%），适当搅拌，在28℃发酵7d。当糖度降到4%，发酵液表面有清液析出时，主发酵结束，倒罐。18℃后发酵5d，酒脚完全下沉，酒香浓郁，酒体淡黄且清亮光泽，散发独特芳香的瓜味时，即可除渣分离。

(6) 澄清、过滤　原酒发酵结束后基本澄清，但酒中仍有稳定的胶体、蛋白质等成分，易形成浑浊和沉淀。为提高酒的稳定性，则添加0.6%壳聚糖澄清3d。

(7) 调配　按产品特点要求对番木瓜原酒进行风味和成分调整。

(8) 杀菌　将澄清过滤调配好的番木瓜酒装瓶，在60～70℃保温10min，入库储藏。

（三）质量指标

(1) 感官指标　酒体呈金黄色，澄清透明、有光泽，无明显沉淀物、悬浮物；酒香醇和，果香与酒香协调，无突出的酒精气味；酒体丰满，酸甜适口，无苦涩味；有番木瓜独特的果香和酒香。

(2) 理化指标　酒精度14%～16%，总糖（以葡萄糖计）≤4g/L，总酸（以柠檬酸计）4～9g/L。

(3) 微生物指标　沙门菌和金黄色葡萄球菌不得检出。

六、西瓜汁果酒

（一）工艺流程

西瓜→清洗→整果切块→粉碎打浆→离心→调配→灭菌→接菌种→前发酵→后发酵→过滤→冷处理→热处理→过滤→陈酿→再过滤→灌装、打塞→灭菌→灯检、贴标、装箱→成品

（二）操作要点

(1) 原料选择、清洗　选择成熟无污染的新鲜西瓜，用清水冲洗后再用0.01%高锰酸钾溶液泡3～4min进行消毒，然后用无菌水洗净。

(2) 切块、打浆　用破瓜机或人工刀切的方法，将西瓜皮切成不规则小块，连同瓜瓤置入打浆机粉碎成西瓜皮瓤混合浆液，用筒式甩干机离心，分离去渣，获得皮瓤混合西瓜纯汁。用食品专用桶密封，送入冷藏室储存备用。

(3) 调配、灭菌　将皮瓤混合西瓜纯汁辅配以优质蜂蜜，同时置入经121℃高温灭菌30min的不锈钢发酵空罐中，充分搅匀，制成混合西瓜酒发酵液，然后加温至60～80℃，温控30min，然后再降温至30～40℃。

(4) 培养高活性酒用酵母液　高活性酒用酵母液由下列组分构成（质量份）：1～2份市售高活性酒用酵母、10～20份蜂蜜和80～90份纯净水。高活性酒用酵母液经1号、2号种子罐驯化、扩大、培养后处于旺盛期时直接泵入西瓜酒发酵罐中使用。

(5) 接种、发酵　将高活性酒用酵母液泵入西瓜酒发酵罐中搅匀，保持恒温26～32℃，每隔30～50min真空通氧搅拌1次，46～48h后停止通氧气，进入发酵期，开始前发酵。

从投料后第3天开始，每隔90～120min，取发酵罐中西瓜酒发酵液450～500mL，测酒精度、总糖含量、总酸、挥发酸4项指标的参数，待酒精含量比预期产品目标低1%～2%（体积分数）时，将温度降至17～20℃，延缓产酒精的时间，进入后发酵。待酒精含量超过预期目标0～1%（体积分数）时，终止发酵，保持常温。

(6) 过滤、冷热处理　将发酵结束后的西瓜酒用硅藻土板框过滤器进行过滤，过滤后的西瓜酒泵入灭过菌的冷处理不锈钢罐，在−3～0℃时静置3～5d，再过4～6d后温度控制在3～5℃。经过冷处理的西瓜酒再泵入另一个经121℃、灭菌30min的不锈钢发酵罐中，加热至50～60℃，保持40～60min，再降至常温，静置7～10d。

(7) 过滤、陈酿　用硅藻土板框过滤机过滤到经121℃、灭菌30min的不锈钢发酵罐中陈酿储存，即为成品西瓜酒。

(8) 灌装、灭菌　将储存罐中陈酿3～6个月的西瓜酒，再经不锈钢板框过滤机过滤到灌装车间灌装、打塞，在70～80℃的恒温水池中进行灭菌30～40min，送入包装间灯检、贴标、检验，放入成品库，即可上市。

（三）质量指标

(1) 感官指标　橙黄、微红或淡黄色，清澈透明；具有成熟西瓜的纯正香醇香；独特的西瓜清香味，自然协调，回味悠长；具有西瓜果酒的独特风格。

(2) 理化指标　酒精度10%～15%，总糖（以葡萄糖计）4～6g/L，总酸（以柠檬酸计）3～9g/L，挥发酸（以乙酸计）≤1.1g/L，游离二氧化硫≤0.05g/L。

(3) 微生物指标　沙门菌和金黄色葡萄球菌不得检出。

七、番木瓜酒

（一）工艺流程

原料选择→清洗→去皮去籽→破碎打浆→添加SO_2、果胶酶→静置→压榨分离→果汁→成分调整→接种→主发酵渣液分离→后发酵→陈酿→配制→下胶、

澄清→过滤→灌装→成品

（二）操作要点

（1）原料选择　番木瓜酒的质量首先取决于原料。一般选取充分成熟的果实作为酿酒的原料，此时果实糖含量高、产酒率高，滴定酸、挥发酸、单宁含量低，汁液鲜美、清香、风味好。如果成熟度不够，压榨所得果汁的可溶性固形物含量较低，达不到发酵的要求；如果果实过于成熟，果实的果肉和表皮极易染上细菌，给生产带来困难。

（2）清洗　用流动清水清洗，以除去附着在果实上的泥土、杂物以及残留的农药和微生物。因番木瓜果实柔软多汁，清洗时应特别注意减少其破碎率。

（3）去皮去籽　番木瓜的果皮和种子均含有苦味物质，且果核不坚硬，在破碎打浆时容易被破碎而进入果浆，使酒产生不良风味，故应去除。用100℃蒸汽处理2～3min，立即冷水喷淋，去皮，纵切去种子并切去果蒂及萼部。

（4）破碎　将番木瓜果肉切块，用破碎机破碎成直径为2～3mm的果块。

（5）添加SO_2和果胶酶　为抑制杂菌的生长繁殖，番木瓜打浆后应立即添加二氧化硫。但二氧化硫加过多会抑制酵母的活性，延长主发酵时间；添加过少又达不到抑制杂菌繁殖的目的。二氧化硫的添加量应根据果浆的原料品种、果汁成分、微生物污染程度、发酵温度等情况确定。本试验的添加量为120mg/L。果胶酶可以软化果肉组织中的果胶物质，使之分解生成半乳糖醛酸和果胶酸，使果汁中的固形物失去依托而沉降下来，增强澄清效果和提高出汁率。番木瓜果实富含果胶，在添加二氧化硫6～12h后添加果胶酶可以提高番木瓜的出汁率和促进酒的澄清。

（6）静置、压榨　添加二氧化硫和果胶酶混匀后，密闭静置2～3h。然后用榨汁机压榨，要先轻后重，待果汁流量高峰过后再逐渐加压，如有必要可添加3%左右的助滤剂。

（7）成分调整　果汁中的糖是酵母菌生长繁殖的碳源。番木瓜鲜果含糖量为8%～10%，若仅用鲜果浆（汁）发酵则酒度较低。因此，应适当添加白砂糖以提高发酵酒度。生产中通常是按每升蔗糖溶液经酵母发酵产生1%酒精添加17g白砂糖。为了控制发酵温度和有利于酵母尽快起酵，通常在发酵前只加入应加糖量的60%比较适宜，当发酵至糖度下降到8°Bx左右再补加另外40%的白砂糖。

（8）接种　将活性干酵母以10%浓度加入5%的蔗糖溶液中，搅拌均匀，隔5～10min搅拌1次，约30min完毕。按干酵母重以100mg/kg浓度加入至调整好的果汁中，混匀。

（9）主发酵　采用密闭式发酵。在发酵过程中，发酵罐装料不宜过满，以2/3容量为宜。在实际生产中，应注意控制发酵液的温度，并于每日检查2次和压皮渣（压盖）1次。

（10）渣液分离　当酒盖下沉，液面平静，有明显的酒香，无霉臭和酸味时，可视为主发酵结束（此时残糖含量小于1%，酒精度则是随着加糖量的多少而不同）。密封发酵罐，待酒液澄清后，分离出上清液，余下的酒渣离心分离。

（11）后发酵　分离出的酒液应立即补加SO_2并控制发酵温度在15～22℃，时间约为3～5d。在后发酵期间，发酵罐应保持无空隙，尽量缩小原酒与空气的接触面，避免杂菌侵入。

（12）陈酿　经过一段时间发酵所得的新酒，口感和色泽均较差，不宜饮用，需在储酒罐中经过一定时间的存放老熟，酒的质量才能得到进一步的提高。在陈酿过程中，经过氧化还原和酯化等化学反应以及聚合沉淀等物理化学作用，可使芳香物质增加和突出，不良风味物质减少，蛋白质、单宁、果胶物质等沉淀析出，从而改善番木瓜酒的风味，使得酒体澄清透明，酒质稳定，口味柔和纯正。陈酿时间约6个月。在陈酿过程中，应注意检查管理，如发现顶部有空隙应注意添酒，以防止氧气接触和微生物污染影响酒质。必要时需要换桶（缸）。

（13）下胶澄清　陈酿后的酒透明度不够，可采用蛋清、明胶-单宁、硅藻土等澄清剂澄清或自然澄清、冷热处理澄清、膜分离澄清等方式对番木瓜果酒进行澄清处理。

（14）调配　对酒度、糖度和酸度进行调配，使酒味更加纯和爽口。

（15）装瓶、杀菌、成品　番木瓜酒装瓶后，置于70℃的热水中杀菌20min后取出冷却即得成品。

（三）质量指标

（1）感官指标　澄清透明，有光泽，无明显悬浮物；淡黄色，橘黄色；香气浓郁，具有番木瓜特有的果香和酒香；酸甜爽口，醇和浓郁。

（2）理化指标　酒精度12.3%，总糖（以葡萄糖计）42～50g/L，总酸（以柠檬酸计）0.4～0.5g/L，挥发酸（以乙酸计）≤0.15g/L。

（3）微生物指标　沙门菌和金黄色葡萄球菌不得检出。

八、木瓜果肉浸渍发酵果酒

（一）工艺流程

木瓜→分选清洗→去皮去核→打浆→热浸渍→主发酵→渣液分离→后发酵→陈酿→澄清→过滤→灌装杀菌→成品

（二）操作要点

（1）原料处理　选肉质厚、成熟度适中、无病斑、无机械损伤的果实，清洗干净、去皮，破碎成$3cm^3$左右的瓜丁，置于打浆机中打浆。

（2）热浸渍　发酵前60℃热浸渍24h。

（3）接种、发酵　第2天将已处理好的果浆转入发酵罐，加入活化后的酵母(干酵母用量200mg/L)，果胶酶100mg/L，适当搅拌，在18℃发酵7d。当糖度降到4%，发酵液表面有清液析出时，主发酵结束，倒罐。15℃后发酵5d，酒脚完全下沉，酒香浓郁，酒体淡黄且清亮光泽，散发独特芳香的瓜味时，即可除渣分离。

（4）澄清、过滤　原酒发酵结束后基本澄清，但酒中仍有稳定的胶体、蛋白质等成分，易形成浑浊和沉淀。为提高酒的稳定性，则添加0.5%壳聚糖澄清3d。

（5）杀菌　将澄清过滤调配好的果酒装瓶，在60～70℃保温10min，入库储藏。

（三）质量指标

（1）感官指标　酒体呈金黄色，澄清透明、有光泽，无明显沉淀物、悬浮物；酒香醇和，果香与酒香协调，无突出的酒精气味；酒体丰满，酸甜适口，无苦涩味；有木瓜独特的果香和酒香。

（2）理化指标　酒精度10%～12%，总糖（以葡萄糖计）≤4g/L，总酸(以柠檬酸计) 4～6g/L。

（3）微生物指标　沙门菌和金黄色葡萄球菌不得检出。

九、甜瓜果酒

（一）工艺流程

甜瓜→去皮→压榨→调整果浆成分→主发酵→分离倒罐→后发酵→澄清→过滤→装瓶→成品

（二）操作要点

（1）原料处理　选择新鲜成熟的甜瓜，去掉果皮和种子，榨汁机榨成果浆，混汁添加0.2%果胶酶，37℃下保温30min后加热到95℃灭酶10min。冷却后，向混汁中添加100mg/L的二氧化硫以备发酵。

（2）成分调整　测定甜瓜果汁的糖度和酸度。根据发酵工艺用白砂糖和酒石酸调整甜瓜果浆的糖度为220g/L，酸度为6g/L，二氧化硫添加量80mg/L。

（3）酒精发酵　取原料量0.2%的干酵母，按1∶20比例投放于37℃温水，在35～38℃水浴中活化60min。将活化好的酵母加入发酵罐开始发酵，装罐量为80%，每天测定糖量及酒精度，当糖含量0.5%以下，酒度不再上升，酒精发酵结束，得到甜瓜原酒。28℃条件下发酵大约6d。

（4）分离倒罐、后发酵　将发酵好的原酒过滤后转入另一个发酵罐内，15℃进行后发酵7d。

（5）澄清　加入澄清剂进行澄清处理或自然澄清，虹吸上层清酒储存。

（6）成品　澄清后的酒液立即进行无菌灌装得成品。

（三）质量指标

（1）感官指标　亮丽柔和的淡黄色光泽，具有甜瓜特有的果香味，酒香浓郁协调，入口柔和醇厚，无不良气味，酒体澄清透明。

（2）理化指标　酒精度12%，残糖（以葡萄糖计）≤0.5%，总酸（以酒石酸计）≤6g/L。

（3）微生物指标　沙门菌和金黄色葡萄球菌不得检出。

十、野木瓜糯米酒

（一）工艺流程

糯米→淘洗→浸泡→蒸熟→冷却→搅拌→发酵→糯米酒
酵母→↓
野木瓜→挑选、清洗、切块→榨汁→过滤→野木瓜汁→发酵→过滤→后发酵→澄清→勾兑→装瓶杀菌→成品

（二）操作要点

（1）糯米酒生产　糯米经筛选淘洗干净后浸泡，浸泡至米粒饱满为好。捞出洗净沥干，放在底部有透气孔的托盘上，用蒸汽蒸至米粒内无白心，手捏觉得柔软有弹性且不粘手时，立即取出用无菌冷水冲凉冷却。加入酒曲，搅拌均匀，放入缸中，在28～30℃进行发酵，48h后，制得成品糯米酒。

（2）野木瓜糯米酒生产　选择成熟野木瓜，除去果心和果籽。称取一定量野木瓜到榨汁机中，并按1∶1的比例加入等量的蒸馏水后进行榨汁、过滤，制得野木瓜汁。将制备好的糯米酒及野木瓜果汁按1∶1的比例混合，使其达到发酵时所需要的糖度。添加一定量的葡萄酒酵母活化液（酵母接种量为0.1%），置于28℃恒温条件下进行发酵。发酵结束后，将发酵醪进行抽滤，制得新酒。对新酒进行陈酿，温度18～22℃，时间3～6个月。将陈酿好的酒进行澄清（每50mL果酒中添加2%皂土溶液4mL）、过滤并勾兑后装瓶密封，然后在65～70℃热水中杀菌30min。成品酒置于10℃左右的低温条件下保存。

（三）质量指标

（1）感官指标　琥珀色，澄清透明，有光泽，无明显悬浮物、沉淀物；具有野木瓜特有的果香味，酒香浓郁，果香与酒香协调怡人；酒体丰满，醇和协调，酸甜适口。

（2）理化指标　酒精度12.8%，总糖（以还原糖计）0.8%，总酸（以酒石酸计）5.2g/L。

（3）微生物指标　沙门菌和金黄色葡萄球菌不得检出。

十一、西瓜皮果酒

（一）工艺流程

西瓜→去瓤取皮→去青衣→切块→榨汁→过滤→调配→接种→发酵→测酒精度→成品

（二）操作要点

(1) 西瓜皮汁的制备　把新鲜的西瓜去瓤取皮，用刀刮去西瓜皮外表皮的青衣，切成2～3cm见方的方形块，加入饮用纯净水（质量比为西瓜皮：纯净水＝2∶1），打浆，用100目纱布过滤除去西瓜皮渣，室温加入0.1%果胶酶做澄清处理2h。

(2) 西瓜皮汁的成分调整　先用糖度仪准确测定样品糖度，再适量加入白砂糖或水调整糖度为20%～22%，并用酸度计准确测定样品pH值，最后再经反复几次添加柠檬酸调整到pH值为4～5。

(3) 灌装杀菌　将调配好的西瓜皮汁灌装在事先消过毒的容器内密封，100℃沸水中保持10min，冷却至室温待接种。菌种的活化：取配制好的5%的糖溶液适量，加入干酵母配成酵母含量为10%的酵母液，摇匀，于恒温水温箱内培养20～30min，温度设置为32℃。期间每隔5min摇动或搅拌1次。

(4) 发酵　将密封好的样品放入发酵箱内进行培养，添加3%活化好的酵母，温度设定为27℃，发酵6d。

(5) 澄清　添加0.5%壳聚糖澄清酒液，澄清后过滤。

(6) 成品　澄清过滤后的酒液立即进行无菌灌装得成品。

（三）质量指标

(1) 感官指标　浅黄色或黄色；清澈、半透明，稍有沉淀；清新爽口，酒香纯正，具有西瓜皮酒独特的果香。

(2) 理化指标　酒精度5%～7%，残糖（以葡萄糖计）≤4%，总酸（以pH值计）为3.5。

(3) 微生物指标　沙门菌和金黄色葡萄球菌不得检出。

第八节 坚果类果酒

一、银杏果酒

（一）工艺流程

原料米→洗米→浸渍→蒸饭（添加银杏果）→摊冷→入缸（添加米曲）→糖化

发酵→过滤→生酒→澄清→勾调→成品

（二）操作要点

（1）酿造用银杏果、银杏叶选择　银杏果、银杏叶是银杏果酒中保健成分黄酮苷及银杏内酯等的主要来源。银杏果，果仁饱满、无霉变。银杏叶，叶片厚、淡绿、无霉变、新鲜。

（2）洗米和浸渍　目的是除去米粒表面附着的米糠。为防止杂菌的污染，浸米水和洗米水要经过净化处理，同时将水温调至15℃，在低温条件下即使染有杂菌也不容易迅速繁殖，减少杂菌污染。同时在15℃条件下，所用的70%精白米正好12h吸水完全，而不致在高温时造成养分的流失。

（3）控水　将浸渍好的米控干水。米在浸渍过程中，米内部的脂质、灰分等都溶解在水中，如果将其放在蒸米机中直接蒸煮，容易造成浸渍和洗米工序的效用减弱。考虑到在洗米之后控水的话，米外露，易染菌，因此决定将米层厚度降低，这样可节省时间而且不易造成部分米的风干而影响后续蒸饭工序。

（4）蒸饭　米层厚度25cm，时间40min，要求将米蒸熟蒸透。米层过厚，蒸汽穿透力弱，造成生熟不均一；米层过薄，浪费蒸汽，消耗能源，降低了设备使用效率。

（5）制曲　制曲与传统黄酒工艺相比有一大区别。银杏果酒的制曲是将水和所用的米按照一定的比例混合，进行自身糖化，使其具备合适的条件利于酵母前期的繁殖。方法：按配方（配料见表1）将水和曲混合后加热糖化，注意环境卫生，防止污染。糖化2～3h，用糖度计检测，其糖度为12°Bx时，冷却至17～18℃，密封以防止杂菌的侵入，使后续工序易于控制。

表1　原料配比　　单位：g

项目	水曲	初次添加	二次添加	末次添加	小计	追加水	合计
总米，银杏果、叶	108	1672	3190	5030	10000		10000
米，银杏果、叶		1240	2510	4350	8100		8100
曲米	108	432	680	680	1900		1900
水	520	210	3570	6300	10600	540	11140
75%乳酸	1.82	9.97			11.79		11.79
酵母	5						5

（6）发酵　制好的曲低温放置12h后，按照配料要求（参见表1）进行工艺上的第1次加米，同时包括加曲、水、乳酸、酵母。以后相应进行第2次和第3次添加，并有1次追加水。采用分3次添加米的方法，第1次与第3次加入时，其糖度的变化较小，同时由于分3次加入，发酵过程的控制较为容易，使酵母在醪液内部的数量始终处于绝对优势。发酵过程控制，添米时间间隔24h，添米、曲、水量严格按照配料进行。在发酵工艺上，对传统酒的发酵进行了革新，取消

后发酵，主要原因是后发酵期间由于醪液中干物质含量过多，容易造成酒的浑浊、沉淀以及失光。

(7) 压榨及过滤　采用压榨机进行压榨，目的是尽量减少杂菌污染，速度快，压榨醪液在密封条件下进行，过滤使用活塞式往复泵传送醪液。压榨操作之后进行精滤，传统的果酒在储存一段时间后，均有浑浊失光现象，经过反复研究，对压榨的酒采用孔径 0.02μm 的精滤机进行精滤，确保成品酒不出现浑浊、失光等外观质量问题。

(8) 储存　采用膜过滤器过滤之后的酒，需要储存一段时间，防止内部物质的变化、染菌。新酒要进行一定时间的储存陈酿，储存时间为 2 个月。

(9) 成品　陈酿后的酒液立即进行无菌灌装得成品。

(三) 质量指标

(1) 感官指标　银杏果香气浓郁，具有典型性，酒体呈透明的金黄色，口感较好。

(2) 理化指标　酒精度 13%～14%，残糖（以葡萄糖计）为 28.2g/L，总酸（以苹果酸计）为 4.5g/L，干浸出物≤4%，可溶性固形物含量为≥9.8%。

(3) 微生物指标　沙门菌和金黄色葡萄球菌不得检出。

二、杏仁乳发酵果酒

(一) 工艺流程

山楂、杏仁原料分选→山楂杏仁预处理→破碎榨汁→山楂杏仁汁→果胶酶处理→灭酶→调糖、调酸→接种→主发酵→过滤→后发酵→澄清→陈酿→澄清过滤→杀菌→成品

(二) 操作要点

(1) 预处理　把山楂和杏仁分别制成汁液（杏仁和山楂比为 3∶1）。

(2) 糖度调整　将杏仁和山楂混合液糖度调整到 22%，pH 调整至 4.5。

(3) 接种发酵　将 7%红曲加入到调整后的发酵醪液中，在 28℃的生化培养箱中进行主发酵 7d，定时搅拌和测定酒精含量、糖含量。当糖含量变化不明显时，主发酵结束，转入后发酵阶段。

(4) 后发酵期管理　将主发酵结束后的果酒分离过滤，除去积淀到底部的沉淀、发酵络合物、果泥等易产生不良气味的物质，集中装满专用容器中，密封，置于 26℃温度恒定的环境中陈酿。其间酒度、糖度还会发生升降变化和一系列酯化反应，使酒体更加醇厚、丰满、醇和，酒香、果香协调柔和怡人。

(5) 过滤　发酵结束和陈酿后要及时进行分离和过滤。灌装前将澄清好的果酒用精滤器进行过滤，达到无悬浮物、无沉淀、无杂质的目的。

(6) 成品　经过滤后的酒液立即进行无菌灌装得成品。

(三) 质量指标

(1) 感官指标　浅黄色，无沉淀物和悬浮物，协调舒畅；口感酸甜适口，口感浓郁。

(2) 理化指标　酒精度8%～9%，总糖（以葡萄糖计）8%～10g/L，总酸（以柠檬酸计）5～6g/L。

(3) 微生物指标　沙门菌和金黄色葡萄球菌不得检出。

参考文献

[1] 黄琼，何燕萍．青提果酒酿造工艺的研究［J］．食品研究与开发，2017，(01)：95-98.

[2] 张如意，马荣琨，王晓婷等．红枣葡萄果酒澄清技术的研究［J］．食品研究与开发，2017，(02)：141-145.

[3] 李静，谭海刚，陈勇等．菠萝果酒的酿造工艺研究［J］．青岛农业大学学报（自然科学版），2017，(01)：47-51.

[4] 杨文斌，罗惠波，边名鸿等．桂花鸭梨复合型果酒的酿造工艺研究［J］．食品工业科技，2016，(02)：199-203.

[5] 王玉霞，蔡智勇，张超等．青梅大枣果酒低温酿造工艺研究［J］．食品工业科技，2016，(21)：155-161.

[6] 马梦真，钱籽霖，武璐婷等．半干型酥梨果酒酿造工艺研究［J］．食品工业科技，2016，(01)：201-207.

[7] 韩丹，吴铭，汪鸿等．软枣猕猴桃果酒发酵工艺优化［J］．中国酿造，2016，(01)：145-148.

[8] 吴均，杨德莹，李抒桐等．奉节脐橙果酒发酵工艺的优化［J］．食品工业科技，2016，(23)：247-252.

[9] 王正荣，马汉军．火龙果苹果复合果酒发酵工艺的研究［J］．酿酒科技，2016，(03)：96-99.

[10] 于翔，程卫东，单春会．响应面法优化沙枣果酒发酵工艺的研究［J］．食品工业，2016，(04)：59-63.

[11] 任攀，罗知，廖黎等．三叶木通果酒酿造工艺研究［J］．酿酒科技，2016，(05)：89-91.

[12] 任晓宇，刘琳，王宓等．发酵型红枣果酒酿造的工艺研究［J］．食品科技，2016，(10)：63-68.

[13] 黄琼，熊世英，吴伯文．桑葚果酒酿造工艺的研究［J］．食品工业，2016，(08)：113-116.

[14] 周倩，蒋和体．干型番木瓜果酒酿造工艺研究［J］．西南师范大学学报（自然科学版），2016，(05)：122-128.

[15] 孙军涛．柿子果酒的研制［J］．食品工业，2016，(08)：160-162.

[16] 李敏杰，熊亚，韩洪波．响应面法优化野生红心果果酒发酵工艺条件［J］．食品研究与开发，2015，(21)：114-117.

[17] 杨香玉，余兆硕，唐琦等．甜橙果酒酿造工艺［J］．农业工程，2015，(06)：58-60.

[18] 曲波．血糯桂圆酒酿造工艺研究［J］．食品工业，2015，(12)：66-68.

[19] 张超，王玉霞，周丹红．发酵型青梅枸杞果酒澄清技术研究［J］．中国酿造，2015，(12)：149-152.

[20] 李志友，李启要．樱桃果酒发酵条件的优化［J］．贵州农业科学，2016，(03)：152-155.

[21] 党翠红，杨辉．低度海红果酒离子交换法降酸工艺［J］．食品与发酵工业，2015，(02)：152-156.

[22] 王卫东，黄德勇，郑义等．响应面优化黄桃果酒发酵工艺［J］．食品安全质量检测学报，2015，(03)：809-814.

[23] 邓志勇，吴桂容，杨程显．脐橙-石榴复合果酒酿造工艺的研究［J］．江苏农业科学，2015，(02)：266-268.

[24] 罗汝锋，赵雷，胡卓炎等．龙眼果酒发酵条件优化及其抗氧化活性［J］．食品安全质量检测学报，2015，(07)：2658-2665.

[25] 李紫薇，李敬龙，邱磊．甜瓜菠萝起泡果酒酿造工艺的研究［J］．中国酿造，2015，(10)：161-165.

[26] 李大和．营养型低度发酵酒生产技术．北京：中国轻工业出版社，2006.

[27] 杜连启，张建才．营养型低度发酵酒300例．北京：化学工业出版社，2012.